Imagine Infinite!

창의영재수학

아이앤아이

영재들의 수학여행

Math Travel

고급 초등6~중등

E 자료와 가능성

독일편

창의영재수학

아이앤아이

영재들의 수학여행

Math Travel

01 수학 여행 테마로 수학 사고력 활동을 자연스럽게 이어갈 수 있도록 하였습니다.

02 키즈 - 입문 - 초급 - 중급 - 고급으로 이어지는 단계별 창의 영재 수학 학습 시리즈입니다.

03 각 챕터마다 기초 - 심화 - 응용의 문제 배치로 쉬운 것부터 차근차근 문제해결력을 향상시킵니다.

04 각종 수학 사고력, 창의력 문제, 지능검사 문제, 대회 기출 문제 등을 체계적으로 정밀하게 다듬어 정리하였습니다.

05 과학, 음악, 미술, 영화, 스포츠 등에 관련된 융합형(STEAM)수학 문제를 흥미롭게 다루었습니다.

06 단계적 학습으로 창의적 문제해결력을 향상시켜 영재교육원에 도전해 보세요.

교재 구성

	A(수)	B(연산)	C(도형)	D(측정)	E(규칙)	F(문제해결력)	G(워크북)
키즈 (6세 7세 초1)	수와 숫자 수 비교하기 수 규칙 수 퍼즐	가르기와 모으기 덧셈과 뺄셈 식 만들기 연산 퍼즐	평면도형 입체도형 위치와 방향 도형 퍼즐	길이와 무게 비교 넓이와 들이 비교 시계와 시간 부분과 전체	패턴 이중 패턴 관계 규칙 여러 가지 규칙	모든 경우 구하기 분류하기 표와 그래프 추론하기	수 연산 도형 측정 규칙 문제해결력

	A(수와 연산)	B(도형)	C(측정)	D(규칙)	E(자료와 가능성)	F(문제해결력)	G(워크북)
입문 (초1~3)	수와 숫자 조건에 맞는 수 수의 크기 비교 합과 차 식 만들기 벌레 먹은 셈	평면도형 입체도형 모양 찾기 도형 나누기와 움직이기 쌓기나무	길이 비교 길이 재기 넓이와 들이 비교 무게 비교 시계와 달력	수 규칙 여러 가지 패턴 수 배열표 암호 새로운 연산 기호	경우의 수 리그와 토너먼트 분류하기 그림 그려 해결하기 표와 그래프	문제 만들기 주고 받기 어떤 수 구하기 재치있게 풀기 추론하기 미로와 퍼즐	수와 연산 도형 측정 규칙 자료와 가능성 문제해결력

	A(수와 연산)	B(도형)	C(측정)	D(규칙)	E(자료와 가능성)	F(문제해결력)
초급 (초3~5)	수 만들기 수와 숫자의 개수 연속하는 자연수 가장 크게, 가장 작게 도형이 나타내는 수 마방진	색종이 접어 자르기 도형 붙이기 도형의 개수 쌓기나무 주사위	길이와 무게 재기 시간과 들이 재기 덮기와 넓이 도형의 둘레 원	수 패턴 도형 패턴 수 배열표 새로운 연산 기호 규칙 찾아 해결하기	가짓수 구하기 리그와 토너먼트 금액 만들기 가장 빠른 길 찾기 표와 그래프(평균)	한붓 그리기 논리 추리 성냥개비 다른 방법으로 풀기 간격 문제 배수의 활용

	A(수와 연산)	B(도형)	C(측정)	D(규칙)	E(자료와 가능성)	F(문제해결력)
중급 (초4~6)	복면산 수와 숫자의 개수 연속하는 자연수 수와 식 만들기 크기가 같은 분수 여러 가지 마방진	도형 나누기 도형 붙이기 도형의 개수 기하판 정육면체	수직과 평행 다각형의 각도 접기와 각 붙여 만든 도형 단위 넓이의 활용	규칙성 찾기 도형과 연산의 규칙 규칙 찾아 개수 세기 교점과 영역 개수 수 배열의 규칙	경우의 수 비둘기집 원리 최단 거리 만들 수 있는, 없는 수 평균	논리 추리 님 게임 강 건너기 창의적으로 생각하기 효율적으로 생각하기 나머지 문제

	A(수와 연산)	B(도형)	C(측정)	D(규칙)	E(자료와 가능성)	F(문제해결력)
고급 (초6~중등)	연속하는 자연수 배수 판정법 여러 가지 진법 계산식에 써넣기 조건에 맞는 수 끝수와 숫자의 개수	입체도형의 성질 쌓기나무 도형 나누기 평면도형의 활용 입체도형의 부피, 겉넓이	시계와 각도 평면도형의 활용 도형의 넓이 거리, 속력, 시간 도형의 회전 그래프 이용하기	암호 해독하기 여러 가지 규칙 여러 가지 수열 연산 기호 규칙 도형에서의 규칙	경우의 수 비둘기집 원리 입체도형에서의 경로 영역 구분하기 확률	홀수와 짝수 조건 분석하기 다른 질량 찾기 뉴튼산 작업 능률

책의 구성과 활용

단원들어가기

바둑에서의 경우의 수

2016년, 슈퍼컴퓨터에 인공지능을 탑재한 '알파고' 가 '이세돌' 과 대국하여 4승 1패를 거둔 일은 세계적인 이슈였습니다. 어떤 사람들은 '알파고' 의 성능이 좋아서 바둑의 모든 경우의 수를 계산한 결과라고 말합니다. 하지만 실제로는 대략적으로 계산했을 때, 현재의 슈퍼컴퓨터로는 바둑의 모든 경우의 수를 계산할 수 없다는 것을 알 수 있습니다.

바둑은 19개의 가로줄과 세로줄이 만나는 교차점에 돌을 놓는 게임입니다. 교차점의 개수는 19 × 19 = 361개이므로 단순히 361개의 바둑돌을 놓는 경우의 수는 361 × 360 × 359 × … × 2 × 1가지입니다. 이를 계산하면 바둑의 모든 경우의 수는 약 1.4 × 10[illegible]가지가 됩니다.

2020년 현재, 세계 최고의 슈퍼컴퓨터는 1초에 약 14경 8600조 만큼의 연산을 수행할 수 있습니다.

바둑을 두는 1회의 경우의 수를 1번의 연산이라고 한다면 현재의 슈퍼컴퓨터는 1초에 약 1.5 × 10[illegible]가지의 경우의 수를 계산할 수 있습니다.

따라서 이를 나누어주면 현재의 슈퍼컴퓨터가 바둑의 모든 경우의 수를 계산하는데 걸리는 시간은 약 3 × 10[illegible]년이 걸리게 됩니다.

따라서 슈퍼컴퓨터를 이용하더라도 바둑의 모든 경우의 수를 계산할 수 없습니다.

1. 경우의 수

독일 첫째 날 DAY 1

친구들의 수학여행(MatHTravel)과 함께 단원이 시작됩니다. 여행지에서 수학문제를 발견하고 창의적으로 해결해 나갑니다.

아이앤아이 수학여행 친구들

전 세계 곳곳의 수학 관련 문제들을 풀며 함께 세계여행을 떠날 친구들을 소개할게요!

무우

팀의 맏리더. 행동파 리더.

에너지 넘치는 자신감과 무한 긍정으로 팀원에게 격려와 응원을 아끼지 않는 팀의 맏형, 솔선수범하는 믿음직한 해결사예요.

상상

팀의 챙김이 언니, 아이디어 뱅크.

감수성이 풍부하고 공감력이 뛰어나 동생들의 고민을 경청하고 챙겨주는 맏언니예요.

알알

진지하고 생각많은 똘똘이 알알이.

겁 많고 부끄럼 많고 소심하지만 관찰력이 뛰어나고 생각 깊은 아이에요. 야무진 성격을 보여주는 알밤머리와 주근깨 가득한 통통한 볼이 특징이에요.

제이

궁금한게 많은 막내 엉뚱이 제이.

엉뚱한 질문이나 행동으로 상대방에게 웃음을 주어요. 주위의 것을 놓치고 싶지 않은 장난기가 가득한 매력덩어리입니다.

단원살펴보기

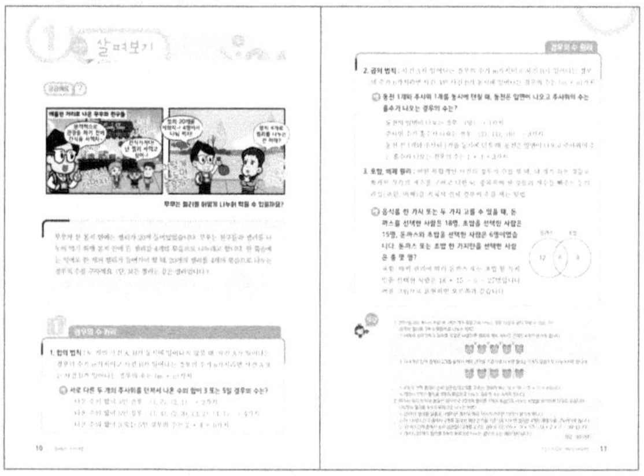

단원의 주제되는 내용을 정리하고 '궁금해요' 문제를 풀어봅니다.

대표문제

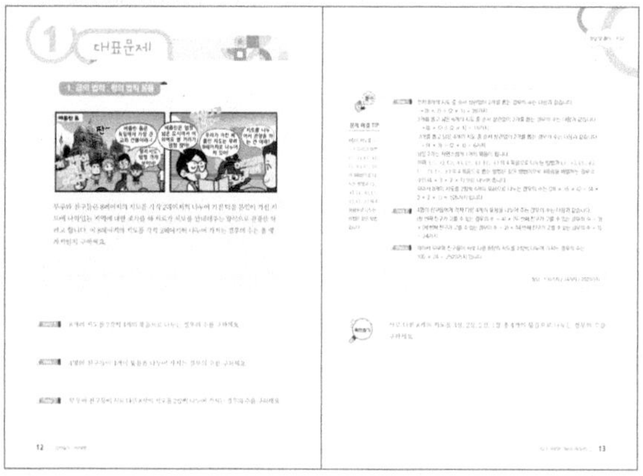

대표되는 문제를 단계적으로 해결하고 '확인하기' 문제를 풀어봅니다.

연습문제

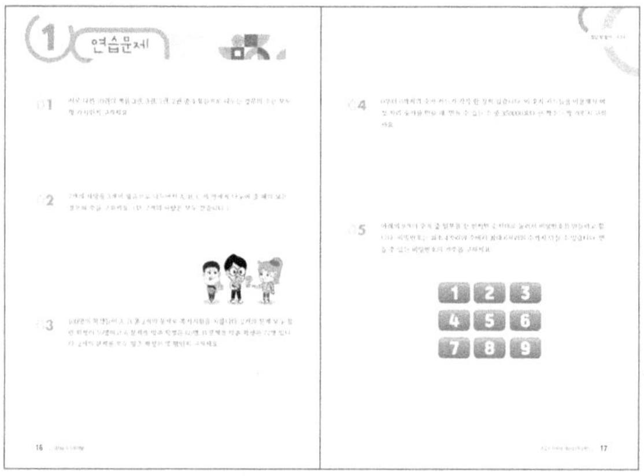

단원살펴보기 및 대표문제에서 익힌 내용을 알차게 구성된 사고력 문제를 통해 점검하며 주제에 대한 탄탄한 기본기를 다집니다.

심화문제

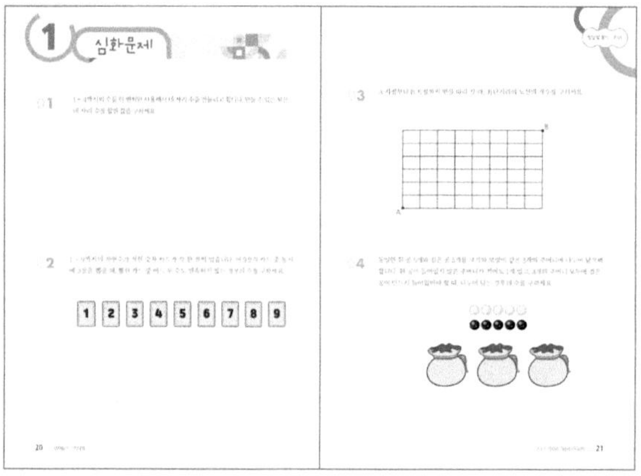

단원에 관련된 문제의 이해와 응용력을 바탕으로 창의적 문제 해결력을 기릅니다.

창의적문제해결수학

창의력 응용문제, 융합문제를 풀며 해당 단원 문제에 자신감을 가집니다.

정답 및 풀이

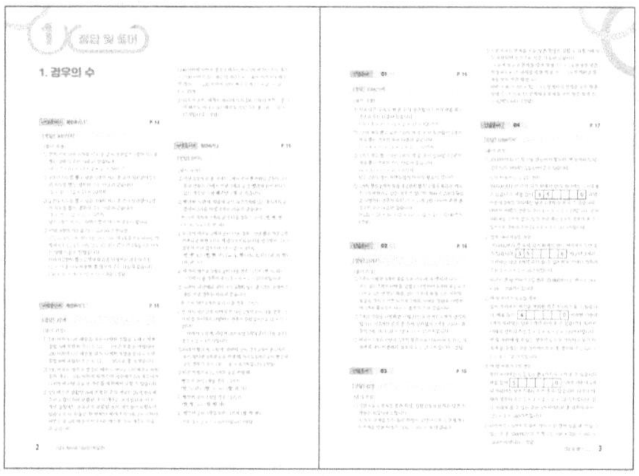

상세한 풀이과정과 함께 수학적 사고력을 완성합니다.

차례
CONTENTS

고급 초6~중등 E 자료와 가능성

바둑에서의 경우의 수

2016년, 슈퍼컴퓨터에 인공지능을 탑재한 '알파고' 가 '이세돌' 과 대국하여 4승 1패를 거둔 일은 세계적인 이슈였습니다. 어떤 사람들은 '알파고' 의 성능이 좋아서 바둑의 모든 경우의 수를 계산한 결과라고 말합니다. 하지만 실제로는 대략적으로 계산했을 때, 현재의 슈퍼컴퓨터로는 바둑의 모든 경우의 수를 계산할 수 없다는 것을 알 수 있습니다.

바둑은 19개의 가로줄과 세로줄이 만나는 교차점에 돌을 놓는 게임입니다. 교차점의 개수는 $19 \times 19 = 361$개이므로 단순히 361개의 바둑돌을 놓는 경우의 수는 $361 \times 360 \times 359 \times \cdots \times 2 \times 1$가지입니다. 이를 계산하면 바둑의 모든 경우의 수는 약 1.4×10^{768}가지가 됩니다.
2020년 현재, 세계 최고의 슈퍼컴퓨터는 1초에 약 14경 8600조 만큼의 연산을 수행할 수 있습니다.

바둑을 두는 1회의 경우의 수를 1번의 연산이라고 한다면 현재의 슈퍼컴퓨터는 1초에 약 1.5×10^{16}가지의 경우의 수를 계산할 수 있습니다.
따라서 이를 나누어주면 현재의 슈퍼컴퓨터가 바둑의 모든 경우의 수를 계산하는데 걸리는 시간은 약 3×10^{743}년이 걸리게 됩니다.
따라서 슈퍼컴퓨터를 이용하더라도 바둑의 모든 경우의 수를 계산할 수 없습니다.

1. 경우의 수

독일 첫째 날 DAY 1

무우와 친구들은 독일에 가는 첫째 날, <베를린>에 도착했어요. 무우와 친구들은 첫째 날에 <브란덴부르크 문>을 여행할 예정이에요. 자, 그럼 <베를린> 에서 만날 수학 문제에는 어떤 것들이 있을까요?

즐거운 수학여행 출발~!

궁금해요 ?

무우는 젤리를 어떻게 나누어 먹을 수 있을까요?

무우가 산 봉지 안에는 젤리가 20개 들어있었습니다. 무우는 친구들과 젤리를 나누어 먹기 위해 봉지 안에 든 젤리를 4개의 묶음으로 나누려고 합니다. 한 묶음에는 적어도 한 개의 젤리가 들어가야 할 때, 20개의 젤리를 4개의 묶음으로 나누는 경우의 수를 구하세요. (단, 모든 젤리는 같은 젤리입니다.)

1 경우의 수 원리

1. **합의 법칙 :** 두 개의 사건 A, B가 동시에 일어나지 않을 때, 사건 A가 일어나는 경우의 수가 m가지이고 사건 B가 일어나는 경우의 수가 n가지라면 사건 A 또는 사건 B가 일어나는 경우의 수는 (m + n)가지

예 **서로 다른 두 개의 주사위를 던져서 나온 수의 합이 3 또는 5일 경우의 수는?**

나온 수의 합이 3인 경우 : (1, 2), (2, 1) ➡ 2가지

나온 수의 합이 5인 경우 : (1, 4), (2, 3), (3, 2), (4, 1) ➡ 4가지

나온 수의 합이 3 또는 5인 경우의 수는 2 + 4 = 6가지

2. 곱의 법칙 : 사건 A가 일어나는 경우의 수가 m가지이고 사건 B가 일어나는 경우의 수가 n가지라면 사건 A와 사건 B가 동시에 일어나는 경우의 수는 (m × n)가지

예 동전 1개와 주사위 1개를 동시에 던질 때, 동전은 앞면이 나오고 주사위의 수는 홀수가 나오는 경우의 수는?

동전의 앞면이 나오는 경우 : (앞) ➡ 1가지
주사위 수가 홀수가 나오는 경우 : (2), (4), (6) ➡ 3가지
동전 전 1개와 주사위 1개를 동시에 던질 때, 동전은 앞면이 나오고 주사위의 수는 홀수가 나오는 경우의 수는 1 × 3 = 3가지

3. 포함, 배제 원리 : 어떤 복합적인 사건의 경우의 수를 셀 때, 더 세기 쉬운 것들로 쪼개서 각각의 개수를 구하고 더한 뒤, 중복하여 센 것들의 개수를 빼주는 등의 과정(포함, 배제)을 거쳐서 전체 경우의 수를 세는 방법

예 음식을 한 가지 또는 두 가지 고를 수 있을 때, 돈까스를 선택한 사람은 18명, 초밥을 선택한 사람은 15명, 돈까스와 초밥을 선택한 사람은 6명이었습니다. 돈까스 또는 초밥 한 가지만을 선택한 사람은 총 몇 명?

포함, 배제 원리에 따라 돈까스 또는 초밥 한 가지만을 선택한 사람은 18 + 15 − 6 = 27명입니다. 이를 그림으로 표현하면 오른쪽과 같습니다.

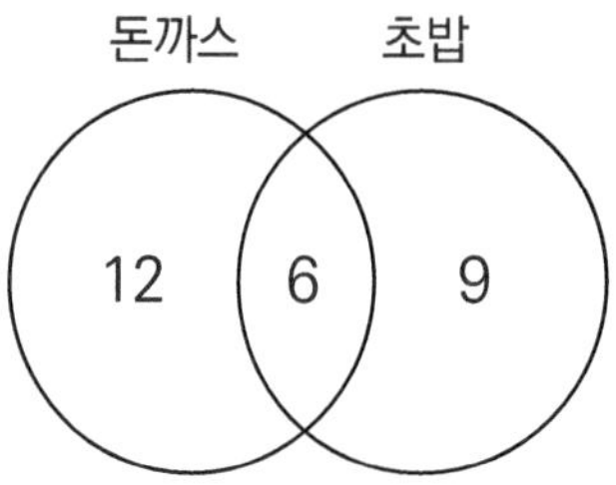

정답

1. 먼저 젤리의 개수가 적을 때, 여러 개의 묶음으로 나누는 것은 다음과 같이 구할 수 있습니다.
〈5개의 젤리를 3개의 묶음으로 나누는 방법〉
① 아래와 같이 5개의 젤리를 일렬로 나열하면 젤리와 젤리 사이의 간격은 4개가 생기게 됩니다.

② 이 4개의 간격 중에서 2개를 골라서 해당 간격을 기준으로 나누면 젤리는 3개의 묶음으로 나누어지게 됩니다.

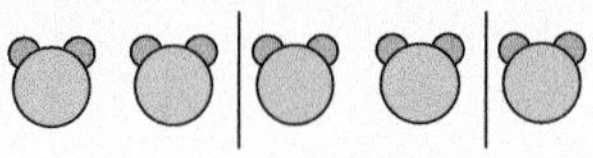

③ 4개의 간격 중에서 순서 상관없이 2개를 고르는 경우의 수는 (4 × 3) ÷ (2 × 1) = 6입니다.
④ 따라서 5개의 젤리를 3개의 묶음으로 나누는 경우의 수는 6가지 입니다.

2. 따라서 위의 방식과 동일한 방식으로 20개의 젤리를 4개의 묶음으로 나누는 방법을 생각하면 다음과 같습니다.
〈20개의 젤리를 4개의 묶음으로 나누는 방법〉
① 20개의 젤리를 일렬로 나열하면 젤리와 젤리 사이의 간격은 19개가 생기게 됩니다.
② 이 19개의 간격 중에서 3개를 골라서 해당 간격을 기준으로 나누면 젤리는 4개의 묶음으로 나누어지게 됩니다.
③ 19개의 간격 중에서 순서 상관없이 3개를 고르는 경우의 수는 (19 × 18 × 17) ÷ (3 × 2 × 1) = 969 입니다.
④ 따라서 20개의 젤리를 4개의 묶음으로 나누는 경우의 수는 969가지 입니다.

정답 : 969가지

1 대표문제

1. 곱의 법칙, 합의 법칙 응용

무우와 친구들은 8페이지의 지도를 각각 2페이지씩 나누어 가진 다음 본인이 가진 지도에 나와있는 지역에 대한 조사를 해 서로가 서로를 안내해주는 방식으로 관광을 하려고 합니다. 이 8페이지의 지도를 각각 2페이지씩 나누어 가지는 경우의 수는 총 몇 가지일지 구하세요.

Step 1 8개의 지도를 2장씩 4개의 묶음으로 나누는 경우의 수를 구하세요.

Step 2 4명의 친구들이 4개의 묶음을 나누어 가지는 경우의 수를 구하세요.

Step 3 무우와 친구들이 서로 다른 8장의 지도를 2장씩 나누어 가지는 경우의 수를 구하세요.

풀이

문제 해결 TIP

8장의 지도를 ① ~ ⑧ 이라고 하면 (①, ②), (③, ④), (⑤, ⑥), (⑦, ⑧) 의 4묶음으로 나누는 방법과 (③, ④), (⑤, ⑥), (①, ②), (⑦, ⑧) 의 4묶음으로 나누는 방법은 같은 방법입니다.

Step 1 먼저 8개의 지도 중 순서 상관없이 2개를 뽑는 경우의 수는 다음과 같습니다.

→ $(8 \times 7) \div (2 \times 1) = 28$가지

2개를 뽑고 남은 6개의 지도 중 순서 상관없이 2개를 뽑는 경우의 수는 다음과 같습니다.

→ $(6 \times 5) \div (2 \times 1) = 15$가지

2개를 뽑고 남은 4개의 지도 중 순서 상관없이 2개를 뽑는 경우의 수는 다음과 같습니다.

→ $(4 \times 3) \div (2 \times 1) = 6$가지

남은 2개는 자연스럽게 1개의 묶음이 됩니다.

이때, (①, ②), (③, ④), (⑤, ⑥), (⑦, ⑧) 의 4 묶음으로 나누는 방법과 (③, ④), (⑤, ⑥), (①, ②), (⑦, ⑧) 의 4 묶음으로 뽑는 방법은 같은 방법이므로 4묶음을 배열하는 경우의 수인 $(4 \times 3 \times 2 \times 1)$ 으로 나누어 줍니다.

따라서 8개의 지도를 2장씩 4개의 묶음으로 나누는 경우의 수는 $(28 \times 15 \times 6) \div (4 \times 3 \times 2 \times 1) = 105$가지 입니다.

Step 2 4명의 친구들에게 각자 다른 4개의 묶음을 나누어 주는 경우의 수는 다음과 같습니다.

(첫 번째 친구가 고를 수 있는 경우의 수 = 4) × (두 번째 친구가 고를 수 있는 경우의 수 = 3) × (세 번째 친구가 고를 수 있는 경우의 수 = 2) × (네 번째 친구가 고를 수 있는 경우의 수 = 1) = 24가지

Step 3 따라서 무우와 친구들이 서로 다른 8장의 지도를 2장씩 나누어 가지는 경우의 수는 $105 \times 24 = 2520$가지 입니다.

정답 : 105가지 / 24가지 / 2520가지

확인하기

서로 다른 8개의 지도를 3장, 2장, 2장, 1장 총 4개의 묶음으로 나누는 경우의 수를 구하세요.

1 대표문제

2. 포함, 배제의 원리

오늘 이 세 가지 음식에 대한 설문조사에 참여한 사람은 총 960명입니다. 설문조사에 참여한 사람들은 아무 음식도 선택하지 않을 수 있고, 모든 음식을 선택할 수도 있습니다. 이 날 설문조사에 참여한 사람 중 630명은 '슈바인 학센'을 선택했고 440명은 '슈니첼'을 선택했으며 360명은 '커리 부어스트'를 선택했습니다. 그 중 270명은 두 가지 음식을 선택한 사람들이었고, 아무 음식도 선택하지 않은 사람은 58명이었을 때, 세 가지 음식을 모두 선택한 사람은 몇 명일지 구하세요.

Step 1 아래와 같이 벤다이어그램을 통해 설문조사의 결과를 나타내면 ㉠ + ㉣ + ㉥ + ㉦ = 630, ㉡ + ㉣ + ㉤ + ㉦ = 440, ㉢ + ㉤ + ㉥ + ㉦ = 360입니다. 포함, 배제의 원리를 이용하여 ㉦ 을 구할 수 있는 식을 적으세요.

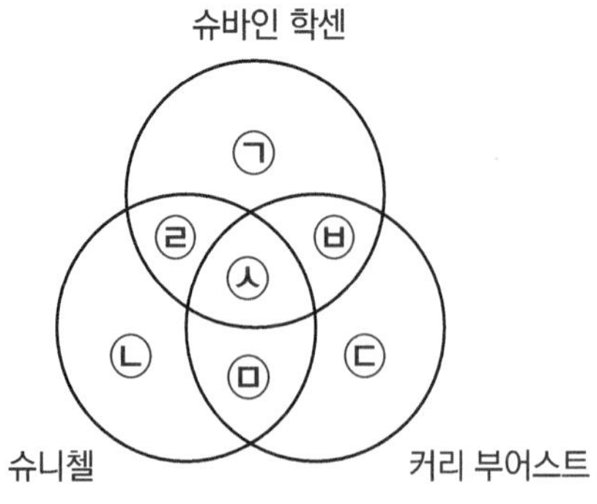

Step 2 **Step 1** 에서 구한 식을 이용해서 설문조사에서 세 가지 음식을 모두 선택한 사람은 모두 몇 명인지 구하세요.

풀이

문제 해결 TIP

아무 음식도 선택하지 않은 사람이 58명이므로 ㉠ + ㉡ + ㉢ + ㉣ + ㉤ + ㉥ + ㉦ = 960 - 58 = 902명 입니다.

Step 1 (㉠ + ㉣ + ㉥ + ㉦) = 630, (㉡ + ㉣ + ㉤ + ㉦) = 440, (㉢ + ㉤ + ㉥ + ㉦) = 360을 모두 더하면 다음과 같습니다.

(㉠ + ㉡ + ㉢ + ㉣ + ㉤ + ㉥ + ㉦) +(㉣ + ㉤ + ㉥) + 2㉦ = 1430

따라서 ㉦ 을 구하는 식은 다음과 같습니다.

2㉦ = 1430 - (㉠ + ㉡ + ㉢ + ㉣ + ㉤ + ㉥ + ㉦) - (㉣ + ㉤ + ㉥)

Step 2 (㉠ + ㉡ + ㉢ + ㉣ + ㉤ + ㉥ + ㉦) = 902, (㉣ + ㉤ + ㉥) = 270입니다.

이를 Step 1 에서 구한 식에 대입하면 2㉦ = 258, ㉦ = 129입니다.

따라서 설문조사에서 세 가지 음식을 선택한 사람 ㉦은 모두 129명 입니다.

정답 : 풀이과정 참조 / 129명

확인하기 1

100 이하의 자연수 중 5의 배수도 아니고 6의 배수도 아닌 수는 모두 몇 개인지 구하세요.

확인하기 2

빨간색, 노란색, 파란색 공이 각각 3개씩 총 9개의 공이 있습니다. 이 중 3개의 공을 꺼낼 때, 3개의 공 중 적어도 1개가 빨간색 공일 경우의 수를 구하세요.

1 연습문제

01 서로 다른 10권의 책을 3권, 3권, 2권, 2권 총 4 묶음으로 나누는 경우의 수는 모두 몇 가지인지 구하세요.

02 7개의 사탕을 3개의 묶음으로 나누어서 A, B, C 세 명에게 나누어 줄 때의 모든 경우의 수를 구하세요. (단, 7개의 사탕은 모두 같습니다.)

03 100명의 학생들이 A, B 총 2개의 문제로 쪽지시험을 치릅니다. 2개의 문제 모두 틀린 학생이 10명이고 A 문제를 맞춘 학생은 60명, B 문제를 맞춘 학생은 72명 입니다. 2개의 문제를 모두 맞춘 학생은 몇 명인지 구하세요.

04 0부터 6까지의 숫자 카드가 각각 한 장씩 있습니다. 이 숫자 카드들을 이용해서 여섯 자리 숫자를 만들 때, 만들 수 있는 수 중 350000보다 큰 짝수는 몇 개인지 구하세요.

05 아래의 9개의 숫자 중 일부를 한 번씩만 순서대로 눌러서 비밀번호를 만들려고 합니다. 비밀번호는 최소 4자리의 수에서 최대 6자리의 수까지 만들 수 있습니다. 만들 수 있는 비밀번호의 개수를 구하세요.

1 연습문제

06 무우와 상상이가 오목게임을 하려고 합니다. 한 명이 처음 두 경기를 모두 이기거나 총 3경기를 이기면 게임이 종료됩니다. 경기가 종료될 때까지 두 사람이 두는 경기의 경우의 수를 구하세요.

07 동일한 빨간색 공 2개, 검은색 공 3개, 보라색 공 3개 총 8개의 공을 일렬로 나열하려고 합니다. 나올 수 있는 경우의 수를 모두 구하세요.

08 남학생 5명, 여학생 5명 총 10명의 학생 중 4명을 뽑으려 합니다. 적어도 여학생이 1명 이상 뽑히는 경우의 수를 구하세요.

09 400보다 작은 자연수 중 2, 3, 5 총 3개의 숫자 모두로 나누어 떨어지지 않는 수는 모두 몇 가지인지 구하세요.

10 한 초등학교에서 6학년들을 대상으로 무료로 서예반, 배드민턴반을 모집하고 있습니다. 이 초등학교의 6학년은 총 250명이고 학생들은 서예, 배드민턴 2가지 모두 선택할 수도 있고 모두 선택하지 않을 수도 있습니다. 모든 학생들이 선택을 하고난 후 결과를 봤을 때, 2가지 반 모두 선택하지 않은 학생이 63명이었고 2가지 반 모두 선택한 학생은 45명이었습니다. 서예만 신청한 학생은 배드민턴만 신청한 학생보다 80명이 많았을 때, 배드민턴을 신청한 학생은 총 몇 명인지 구하세요.

1 심화문제

01 1 ~ 4까지의 수를 한 번씩만 사용해서 네 자리 수를 만들려고 합니다. 만들 수 있는 모든 네 자리 수를 합한 값을 구하세요.

02 1 ~ 9까지의 자연수가 적힌 숫자 카드가 각 한 장씩 있습니다. 이 9장의 카드 중 동시에 3장을 뽑을 때, 뽑힌 카드 중 어느 두 수도 연속하지 않는 경우의 수를 구하세요.

정답 및 풀이 P.05

03 A 지점부터 B 지점까지 변을 따라 갈 때, 최단거리의 노선의 개수를 구하세요.

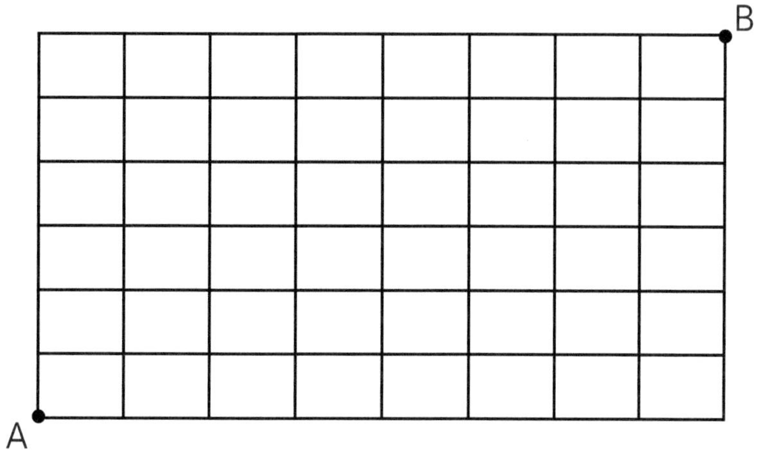

04 동일한 흰 공 5개와 검은 공 5개를 크기와 모양이 같은 3개의 주머니에 나누어 담으려 합니다. 흰 공이 들어있지 않은 주머니가 적어도 1개 있고, 3개의 주머니 모두에 검은 공이 반드시 들어있어야 할 때, 나누어 담는 경우의 수를 구하세요.

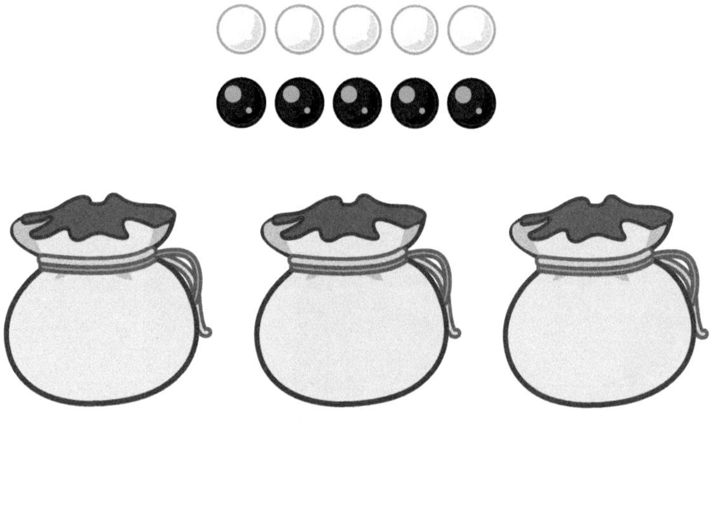

1 창의적문제해결수학

01 학교에서 수학 시험을 치렀는데, 무우는 총 문제 수의 $\frac{1}{4}$ 을 틀렸고 상상이는 3문제를 틀렸는데 무우와 상상이 둘 다 틀린 문제는 총 문제 수의 $\frac{1}{6}$ 이었습니다. 무우와 상상이가 둘 다 맞은 문제의 개수를 구하세요.

정답 및 풀이 P.07

02
창의융합문제

무우, 상상, 알알, 제이 총 4명이 동시에 가위바위보 게임을 하려고 합니다. 첫 번째 판은 비기고 두 번째 판에서 무우만 이길 경우의 수를 구하세요.

독일에서 첫째 날 모든 문제 끝!
뒤셀도르프로 이동하는 무우와 친구들에게 어떤 일이 일어날까요?

최초의 비둘기집 원리

비둘기집의 원리는 독일의 수학자 '디리클레' 에 의해 처음으로 탄생했습니다. '디리클레' 는 19세기 전반에 수학의 여러 분야에서 중요한 공헌들을 하였는데 그 중 하나가 바로 비둘기집의 원리를 착안해낸 것입니다.

어느 날, 디리클레는 본인의 집 지붕에 있는 3 마리의 비둘기를 보고 생각했습니다.
'우리 집 지붕에는 비둘기집이 2개밖에 없는데…. 한 마리는 어디서 자야할까?….
아! 2 마리가 1개의 집에서 같이 자면 되는구나!'

이 생각에서 디리클레는 '그러면 이게 비둘기의 숫자와 비둘기집의 숫자를 늘려도 적용이 될까?' 라는 생각으로 발전시켰고 그 결과 아래와 같은 일반화된 비둘기집의 원리(서랍 원리)를 만들어 내게 되었습니다.

〈비둘기집의 원리〉

(n + 1) 마리의 비둘기가 n개의 집에 들어가면, 적어도 어느 한 집에는 2마리의 비둘기가 함께 들어가게 된다.

언뜻보면 당연한 말같지만 비둘기집의 원리는 수학의 많은 분야에서 증명하기 힘들었던 원리를 증명하는데 쓰였습니다.

2. 비둘기집 원리

독일 둘째 날 DAY 2

무우와 친구들은 독일에 가는 둘째 날, <뒤셀도르프>에 도착했어요. 무우와 친구들은 둘째 날에 뒤셀도르프 의 <부르크 광장>을 여행할 예정이에요. 자, 그럼 <뒤셀도르프> 에서 만날 수학 문제에는 어떤 것들이 있을까요?

2 단원 살펴보기

비둘기집 원리

궁금해요 ?

무우와 함께 트럼프 카드로 비둘기집의 원리에 대해 배워봅시다.

무우가 산 트럼프카드 1세트는 ♠, ♣, ◆, ♥ 그림 카드가 각각 13장씩 있고, 2장의 조커 카드가 있어 총 54장의 카드로 이루어져 있습니다. 다음 질문에 답하세요.

1. 이 54장의 카드 중 적어도 몇 장을 뽑아야 반드시 같은 그림의 카드가 6장이 나오게 되는지 적으세요.

2. 이 54장의 카드 중 적어도 몇 장을 뽑아야 반드시 ♠ 카드가 3장이 나오게 되는지 적으세요.

3. 이 54장의 카드 중 적어도 몇 장을 뽑아야 반드시 3종류의 그림 카드가 나오게 되는지 적으세요. (단, 조커카드는 그림 카드로 보지 않습니다.)

1 기본 원리

1. 비둘기집의 원리

$(n + 1)$ 마리의 비둘기가 n개의 비둘기집에 들어가면 적어도 하나의 비둘기집에는 반드시 두 마리 이상의 비둘기가 들어갑니다.

2. 일반화된 비둘기집의 원리

n개의 사물을 m개의 묶음으로 나누면 적어도 한 개의 묶음에는 (n을 m으로 나눈 몫) 개 이상의 사물이 들어있습니다.

예 9개의 사물을 2개의 묶음으로 나누면 적어도 한 개의 묶음에는 (9를 2로 나눈 몫 = 4)개 이상의 사물이 들어있습니다.

3. 비둘기집의 원리의 응용

(m × n) 마리 보다 많은 수의 비둘기가 n개의 비둘기집에 들어가면 적어도 하나의 비둘기집에는 반드시 (m + 1) 마리 이상의 비둘기가 들어갑니다.

예 (10 × 3) 마리 보다 많은 수의 비둘기가 3개의 비둘기집에 들어가면 적어도 하나의 비둘기집에는 반드시 (10 + 1) 마리 이상의 비둘기가 들어갑니다.

비둘기집의 원리에 대해 생각할 때는 항상 '가장 나쁜' 상황을 생각해서 접근하도록 합니다.

1. 같은 그림의 카드가 6장이 나오기 위한 '가장 나쁜' 상황을 생각해 봅니다.
먼저 2장의 조커카드를 뽑은 뒤, 4개의 그림 카드를 각각 5장씩 뽑은 상황이라면 1장의 카드만 더 뽑으면 반드시 같은 그림의 카드가 6장이 나오게 됩니다.
따라서 반드시 같은 그림의 카드가 6장이 나오기 위해선 적어도 2 (조커카드) + (4 × 5) (4개의 그림 카드가 각각 5장씩) + 1 (마지막에 뽑는 카드 1장) = 23장의 카드를 뽑아야 합니다.

2. 3장의 ♠ 카드가 나오기 위한 '가장 나쁜' 상황을 생각해 봅니다.
2장의 조커카드와 ♣, ◆, ♥ 그림카드를 모두 뽑아 41장의 카드를 뽑으면 남은 카드는 모두 ♠ 카드이므로 여기서 3장의 카드를 더 뽑으면 반드시 ♠ 카드가 3장이 나오게 됩니다. 따라서 적어도 44장의 카드를 뽑으면 반드시 ♠ 카드가 3장이 나오게 됩니다.

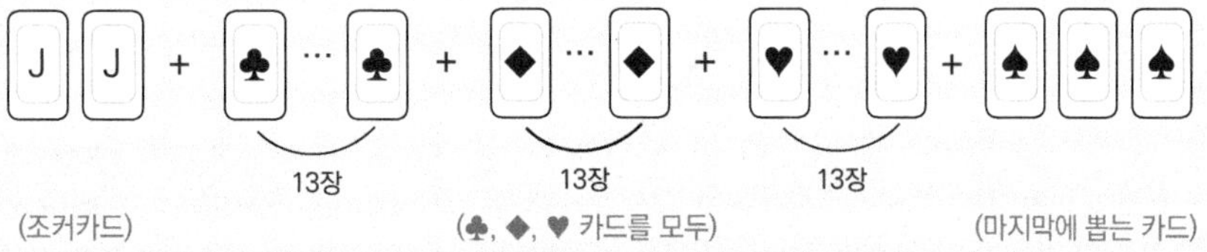

3. 3종류의 그림카드가 나오기 위한 '가장 나쁜' 상황을 생각해 봅니다.
2장의 조커카드와 ♠, ♣, ◆, ♥ 4종류의 그림카드 중 2종류의 그림카드를 모두 뽑아 28장의 카드를 뽑고 1장의 카드만 더 뽑으면 3종류의 그림카드가 반드시 나오게 됩니다. 따라서 적어도 29장의 카드를 뽑으면 반드시 3종류의 그림카드가 나오게 됩니다.

정답 : (1) 23장 (2) 44장 (3) 29장

2 대표문제

1. 비둘기집의 원리 응용

식당 사장이 하던 고민은 다음과 같았습니다.

" 이 30개의 메뉴를 3개씩 10개의 세트로 나누어서 세트 메뉴를 만들고 싶은데….
이 10개의 세트의 가격을 모두 88유로 이하로 만들 순 없는걸까?? "

이 식당은 15유로부터 16유로, 17유로, …, 44유로까지의 메뉴 1개씩 총 30가지의 메뉴를 팔고 있습니다. 30개의 메뉴를 3개씩 10개의 세트로 나누는 방법은 직접 다 헤아리지 못할 정도로 많아서 난감해 하던 식당 사장에게 무우는 곧바로 "그것은 불가능해요" 라고 답해주었습니다. 무우가 이렇게 답한 이유에 대해 설명하세요.

Step 1 15 ~ 44까지의 연속된 30개 자연수의 합을 구하세요.

Step 2 10개의 세트를 모두 88유로 이하로 만들기 위한 '가장 나쁜' 상황을 생각하세요.

Step 3 비둘기집의 원리를 이용하여 무우가 답한 이유를 설명하세요.

풀이

문제 해결 TIP

'가장 나쁜' 상황을 생각해서 문제를 해결하는 방법을 찾아보도록 합니다.

Step 1 이 식당에는 15유로부터 16유로, 17유로, …, 44유로까지 총 30개의 메뉴가 있으므로 이 식당에서 파는 모든 메뉴의 가격의 합은 15 ~ 44까지의 연속된 자연수들의 합입니다.
15 ~ 44까지의 연속된 자연수들의 합은 다음과 같습니다.
$(15 + 44) \times 15 = 885$
따라서 이 식당에서 파는 모든 메뉴 가격의 합은 885유로입니다.

Step 2 10개의 세트를 모두 88유로 이하로 만들기 위한 '가장 나쁜'상황은 10개의 세트 모두가 88유로인 상황입니다.

Step 3 10개의 세트 모두를 88유로로 만들더라도 총 메뉴의 가격인 885유로보다 적습니다.
$88 \times 10 < 885$
따라서 비둘기집의 원리에 따라 전체 메뉴를 10개의 묶음으로 나누면 적어도 1개의 묶음은 88유로보다 높은 가격이 됩니다.

정답 : 885 / 풀이과정 참조 / 풀이과정 참조

확인하기 1

1부터 31까지의 자연수 중에서 임의로 6개의 수를 뽑아서 순서대로 나열했을 때, 앞의 수를 2배하면 뒤의 수보다 커지게 되는 경우가 반드시 존재한다는 것을 설명하세요.

확인하기 2

10에서 20까지의 자연수 중 임의로 7개의 수를 선택하면 그 중 합이 29인 두 수가 반드시 존재하게 되는 이유를 설명하세요.

2. 일상 속의 서랍원리 응용

광장에 100명의 사람들이 있다고 했을 때, 이 사람들 중에서 서로 아는 사람의 수가 같은 사람이 적어도 2명 있다는 것을 설명하세요.

Step 1 아는 사람이 한 명도 없는 사람이 없을 때, 서로 아는 사람의 수가 같은 사람이 적어도 2명 있는 것을 설명하세요.

Step 2 아는 사람이 한 명도 없는 사람이 1명일 때, 서로 아는 사람의 수가 같은 사람이 적어도 2명 있는 것을 설명하세요.

Step 3 이를 토대로 100명의 사람들이 광장에 있을 때, 서로 아는 사람의 수가 같은 사람이 적어도 2명 있다는 것을 설명하세요.

풀이

문제 해결 TIP

경우를 나누어서 따질 때 모든 경우에서 성립한다는 것을 보입니다.

Step 1 100명의 사람 중 아는 사람이 한 명도 없는 사람이 0명이라면 모든 사람들이 아는 사람의 수는 1명 ~ 99명입니다. (자기 자신 제외)
아는 사람의 수는 99가지이고 사람의 수는 100명이므로 비둘기집의 원리에 따라 아는 사람의 수가 같은 사람은 반드시 2명 이상 존재하게 됩니다.

Step 2 100명의 사람 중 아는 사람이 한 명도 없는 사람이 1명이라면 나머지 99명의 사람의 아는 사람의 수는 1 ~ 98명입니다. (자기 자신 제외)
아는 사람의 수는 98가지이고 사람의 수는 99명이므로 비둘기집의 원리에 따라 아는 사람의 수가 같은 사람은 반드시 2명 이상 존재하게 됩니다.

Step 3 100명의 사람 중 아는 사람이 한 명도 없는 사람이 2명 이상이라면 이 사람들은 아는 사람의 수가 같은 사람들이 됩니다 (아는 사람이 0명).따라서 이 경우에도 서로 아는 사람의 수가 같은 사람이 반드시 2명 이상 생기게 됩니다.
각 경우를 나누어서 따졌을 때, 모든 경우에서 서로 아는 사람의 수가 같은 사람이 반드시 2명 생기게 되므로 광장에 총 100명의 사람들이 있다면 이 사람들 중 서로 아는 사람의 수가 같은 사람이 적어도 2명 있게 됩니다.

정답 : 풀이과정 참조 / 풀이과정 참조 / 풀이과정 참조

확인하기

한 파티에 총 50명의 사람들이 참석했습니다. 이 50명의 사람들은 서로 악수를 할 수도, 하지 않을 수도 있습니다. 이 50명의 사람들 중 악수한 횟수가 같은 사람이 적어도 2명 있다는 것을 설명하세요. (단, 한 사람과는 한 번만 악수합니다.)

2 연습문제

01 자연수 중 임의로 11개를 뽑으면 그 중 차가 10의 배수가 되는 두 수가 반드시 존재한다는 것을 설명하세요.

02 1에서 100까지의 자연수 중 임의로 51개의 자연수를 뽑으려 합니다. 이 51개의 자연수 중 서로 배수관계인 두 수가 반드시 존재한다는 것을 설명하세요.

03 10명의 선수가 리그전을 합니다. 경기 중 어떤 시각에라도 각 선수가 치른 경기수를 확인하면 치른 경기수가 같은 선수가 2명 있다는 것을 설명하세요.

04 한 변의 길이가 2인 정사각형의 내부에 13개의 점을 찍으려고 합니다. 13개의 점 중 4개의 점을 꼭지점으로 하는 사각형을 만든다면 반드시 넓이가 1이하인 사각형이 반드시 존재한다는 것을 설명하세요.

05 1부터 50까지의 자연수를 5개씩 묶어서 10개의 묶음으로 만들려고 합니다. 각 묶음에 있는 수들의 합을 계산해볼 때, 10개의 묶음 중 적어도 하나의 묶음은 포함된 5개의 수의 합이 128 이상이라는 것을 설명하세요.

2 연습문제

06 자연수 중 임의로 5개를 뽑으면 그 중 합이 3의 배수가 되는 3개의 수가 반드시 존재한다는 것을 설명하세요.

07 30 이하의 짝수 중에서 임의로 9개의 수를 뽑으면 이 중 합이 34가 되는 두 수가 반드시 있다는 것을 설명하세요.

08 0보다 크고 1보다 작은 임의의 분수가 1001개 있습니다. 이 중 차가 0.001보다 작은 두 분수가 반드시 있다는 것을 설명하세요.

09 한 변의 길이가 3인 정삼각형의 내부에 10개의 점을 찍으려고 합니다. 이 10개의 점 중 사이의 거리가 1보다 작은 2개의 점이 반드시 존재한다는 것을 설명하세요.

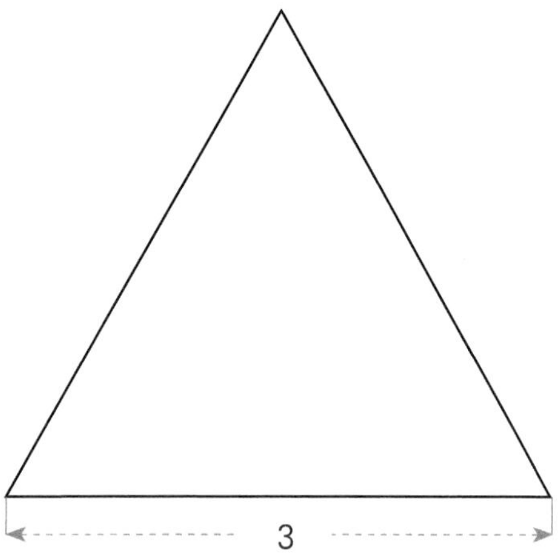

10 무우는 이번 중간고사에서 반에서 3등, 전교에서 54등을 했습니다. 무우의 학년은 총 11개의 반일 때, 무우보다 전교 등수가 높은 53명의 학생 중 반 등수는 6등인 학생이 반드시 1명 있다는 것을 설명하세요.

2 심화문제

01 원형으로 배열된 12개의 원에 1 ~ 12까지의 수를 임의로 채워 넣으려고 합니다. A, B, C와 같이 이어진 세 수의 합 중 하나는 반드시 20 이상이 된다는 것을 설명하세요.

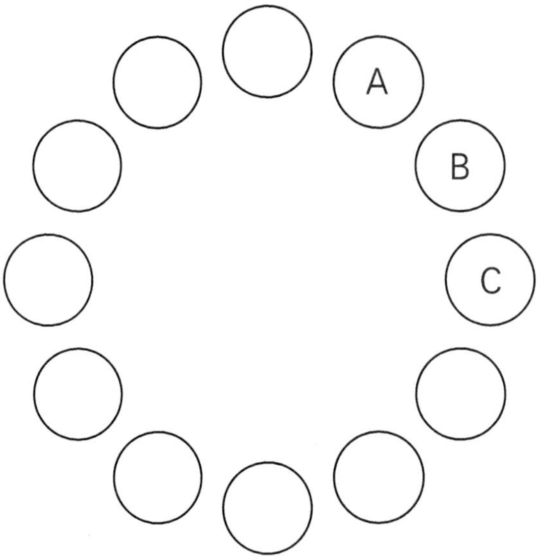

02 평면에 아래의 <조건>을 만족하도록 15개의 점을 찍으려 합니다. 이렇게 찍은 15개의 점 중 적어도 8개의 점은 반드시 지름이 1인 원의 내부에 있게 된다는 것을 설명하세요.

조건

15개 중 임의로 3개의 점을 선택하면 반드시 그 중 2개의 점 사이의 거리는 1보다 작게 점을 찍는다.

03 아래와 같이 수들을 일정한 규칙을 가지고 써 내려갑니다. 1항은 1, 2항은 11, … 일 때, 이 수열의 1항부터 1999 항까지의 항 중 반드시 1999의 배수인 항이 존재한다는 것을 설명하세요.

1, 11, 111, 1111, ….

04 100 이하의 임의의 51개의 자연수가 있습니다. 이 중 제곱의 차가 100 으로 나누어 떨어지는 두 수가 반드시 있다는 것을 설명하세요.

05 임의의 5개의 자연수를 뽑으면 그 중 합이 3의 배수가 되는 3개의 수가 반드시 존재합니다. 이를 이용해서 임의의 자연수를 11개를 뽑으면 그 중 합이 6의 배수가 되는 6개의 수가 반드시 있다는 것을 설명하세요.

01 4개의 가로선과 4개의 세로선이 교차하면 16개의 격자점이 생기게 됩니다. 이 16개의 격자점 중 5개의 점을 뽑을 때, 한 직선 위에 적어도 1개의 점이 있도록 뽑는 경우의 수를 구하세요.

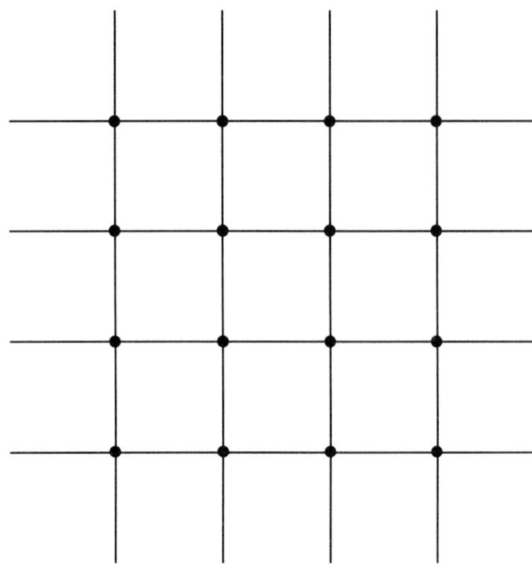

02
창의융합문제

N개의 서로 다른 자연수를 뽑고 그 중 6개의 수를 이용해서 적당히 아래의 식의 빈칸에 넣으면 반드시 식의 계산 결과값이 105의 배수가 되도록 할 수 있습니다. N의 최솟값을 구하세요.

$$(\square - \square) \times (\square - \square) \times (\square - \square)$$

독일에서 둘째 날 모든 문제 끝!
슈투트가르트로 이동하는 무우와 친구들에게 어떤 일이 일어날까요?

전개도를 이용한 경로

전개도란 입체도형을 한 평면 위에 펴 놓은 그림을 뜻합니다.
하나의 입체도형은 하나의 전개도가 아닌 여러 가지 전개도를 가질 수 있는데, 입체도형의 꼭지점에서 꼭지점까지 면을 따라 움직이는 최단거리를 구하기 위해선 아래와 같이 상황에 맞는 전개도를 그려야 합니다.

오른쪽 정육면체에서 점 ㄱ에서 점 ㅅ까지 면을 따라 이동할 때 선분 ㄴㅂ을 지나는 최단경로를 구하기 위해선 〈전개도〉와 같은 방식의 전개도를 그려야 하고 최단경로는 빨간색 선분이 됩니다.

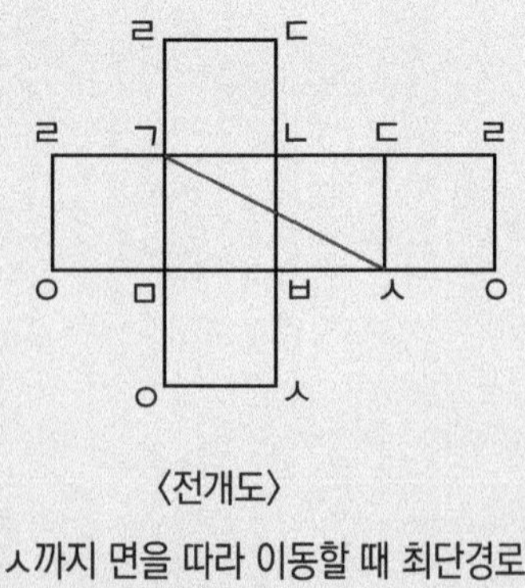

〈전개도〉

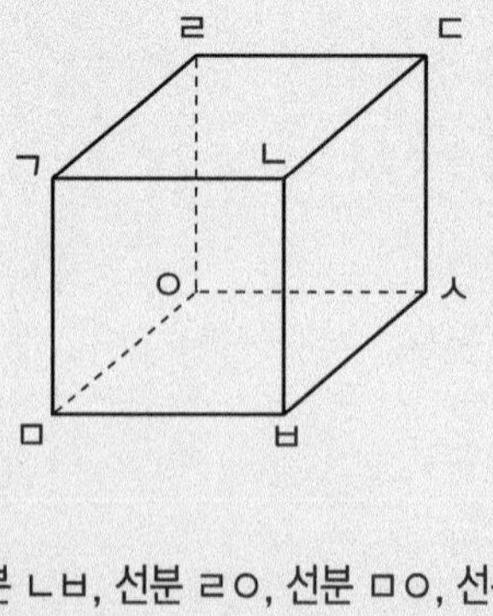

점 ㄱ에서 점 ㅅ까지 면을 따라 이동할 때 최단경로는 선분 ㄴㅂ, 선분 ㄹㅇ, 선분 ㅁㅇ, 선분 ㄴㄷ, 선분 ㄷㄹ, 선분 ㅁㅂ을 지나는 경로 총 6가지가 있으며 정육면체이기 때문에 이 6가지 경로의 길이는 모두 같습니다.

3. 입체도형에서의 경로

독일 셋째 날 DAY 3

무우와 친구들은 독일에 가는 셋째 날, <슈투트가르트>에 도착했어요. 무우와 친구들은 셋째 날에 <하이델베르크성>, <신 궁전>, <하이델베르크 대학교> 를 여행할 예정이에요. 자, 그럼 <하이델베르크 성> 에서 만날 수학 문제에는 어떤 것들이 있을까요?

즐거운 수학여행 출발~!

궁금해요 ?

무우와 친구들은 어떻게 여행 경로를 짜게 될까요?

무우와 무우와 친구들이 기차역에서 출발해서 도로(변)를 따라 광장, 성, 다리, 대학교 총 4군데의 지역을 한 번씩 모두 들른 후 다시 기차역으로 돌아오는 방법은 모두 몇 가지일지 구하세요.

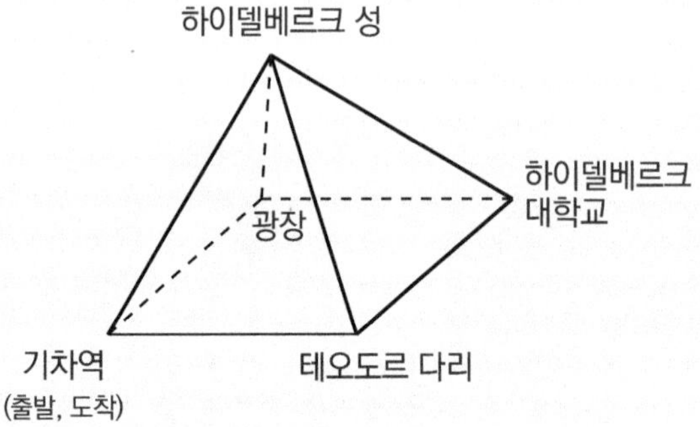

1 변을 따라 갈 때의 최단 경로의 개수

아래와 같이 크기가 같은 정육면체 6개를 붙여서 만든 도형에서 점 ㄱ에서 출발해서 도형의 변을 따라 점 ㄴ까지 가는 최단경로의 개수는 아래와 같이 2가지 방법으로 구할 수 있습니다.

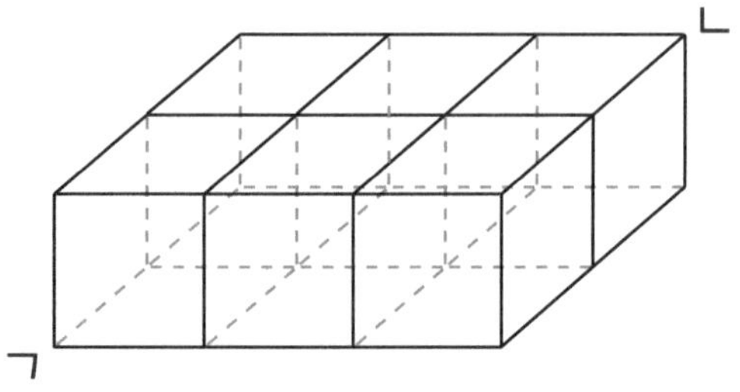

1. 각 꼭지점으로 가는 최단경로의 수를 구하는 방법

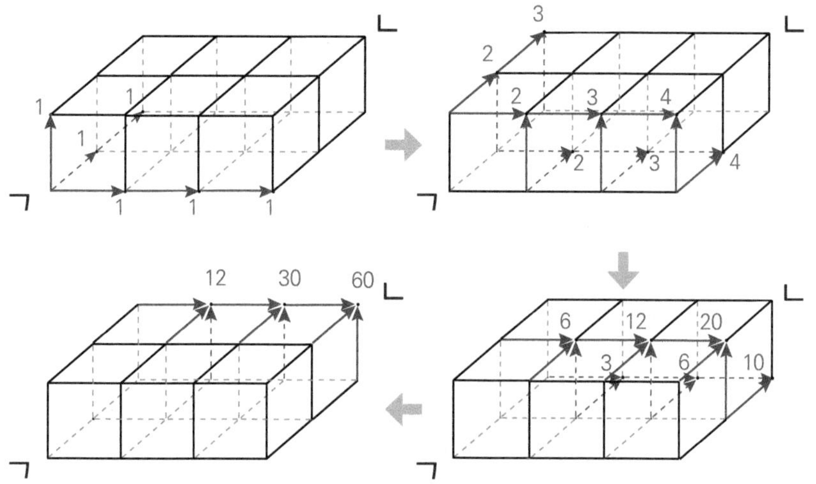

→ 점 ㄱ에서 출발해서 도형의 변을 따라 점 ㄴ까지 가는 최단경로의 개수는 60가지입니다.

2. 변을 순서대로 나열하는 방법의 가짓수로 구하는 방법

점 ㄱ에서 점 ㄴ까지 변을 따라 최단거리로 가기 위해선 밑면의 가로변으로 3번, 세로변으로 2번, 위로 1번을 가야 합니다. 따라서 최단거리의 개수는 (가로변, 가로변, 가로변, 세로변, 세로변, 위) 총 6개를 순서대로 나열하는 가짓수와 같습니다. 이는 $6 \times 5 \times 4 \times 3 \times 2 \times 1 = 720$가지입니다.

가로변끼리는 서로 위치가 바뀌더라도 가는 경로가 같고 세로변 끼리도 서로 위치가 바뀌더라도 가는 경로는 같습니다. 따라서 가로변 3개를 나열하는 방법의 가짓수인 $3 \times 2 \times 1 = 6$과 세로변 2개를 나열하는 방법의 가짓수인 $2 \times 1 = 2$를 나누어 주어야 합니다.

따라서 점 ㄱ에서 점 ㄴ까지 변을 따라 최단거리로 가는 방법의 개수는 $(720 \div 6) \div 2 = 60$가지입니다.

정답

1. 기차역에서 처음 먼저 갈 수 있는 곳은 광장, 다리, 성입니다.
   → 기차역 - 광장, 기차역 - 다리, 기차역 - 성

i. 기차역 - 광장인 경우 다음으로 갈 수 있는 곳은 성, 대학교이고 경로는 다음과 같습니다.
① 기차역 - 광장 - 성 - 대학교 - 다리 - 기차역 ② 기차역 - 광장 - 대학교 - 다리 - 성 - 기차역
③ 기차역 - 광장 - 대학교 - 성 - 다리 - 기차역
→ 총 3가지

ii. 기차역- 다리인 경우 다음으로 갈 수 있는 곳은 성, 대학교이고 경로는 다음과 같습니다.
① 기차역 - 다리 - 성 - 대학교 - 광장 - 기차역 ② 기차역 - 다리 - 대학교 - 성 - 광장 - 기차역
③ 기차역 - 다리 - 대학교 - 광장 - 성 - 기차역
→ 총 3가지

iii. 기차역 - 성인 경우 다음으로 갈 수 있는 곳은 광장, 다리이고 경로는 다음과 같습니다.
① : 기차역 - 성 - 광장 - 대학교 - 다리 - 기차역 ② 기차역 - 성 - 다리 - 대학교 - 광장 - 기차역
→ 총 2가지

2. 따라서 기차역에서 출발해서 광장, 성, 다리, 대학교 총 4군데의 지역을 한 번씩만 들리고 다시 기차역으로 돌아오는 방법은 총 $3 + 3 + 2 = 8$가지입니다.

3 대표문제

1. 변을 따라가는 최단경로

하이델베르크 성을 간단하게 표현하면 아래 그림과 같이 모양과 크기가 같은 11개의 정육면체를 쌓아놓은 도형이 됩니다. 무우와 친구들은 성의 ㄱ 지점에서 도로(변) 을 따라 ㄴ 지점까지 이동하려고 합니다. 무우와 친구들이 최단거리로 움직일 수 있는 방법의 가짓수를 구하세요.

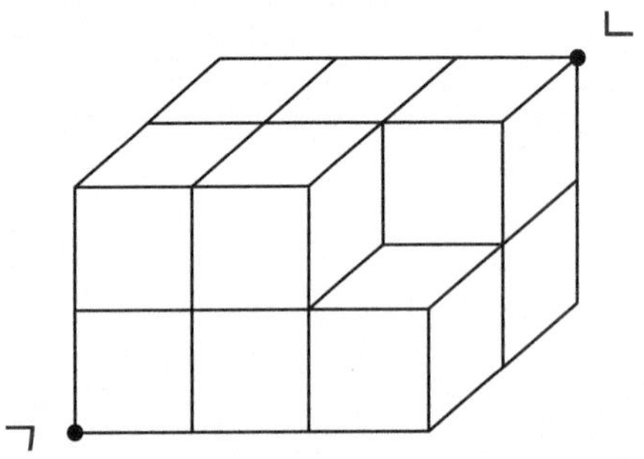

Step 1 오른쪽 그림과 같은 온전한 직육면체에서 점 ㄱ에서 점 ㄴ까지 변을 따라가는 최단경로의 개수를 구하세요.

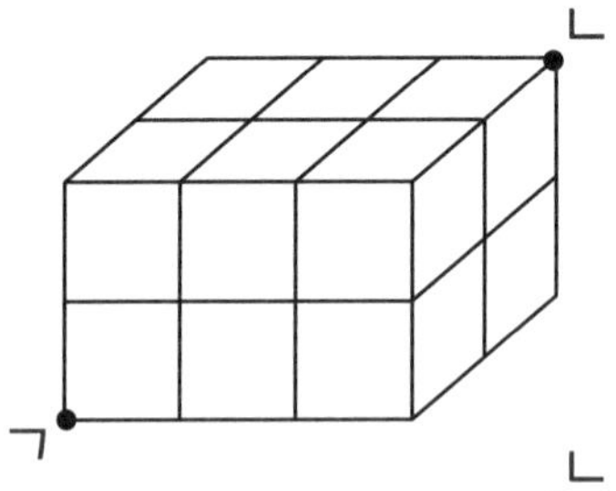

Step 2 오른쪽 그림과 같은 온전한 직육면체에서 점 ㄱ에서 점 ㄷ 을 거쳐서 점 ㄴ까지 변을 따라가는 최단경로의 개수를 구하세요.

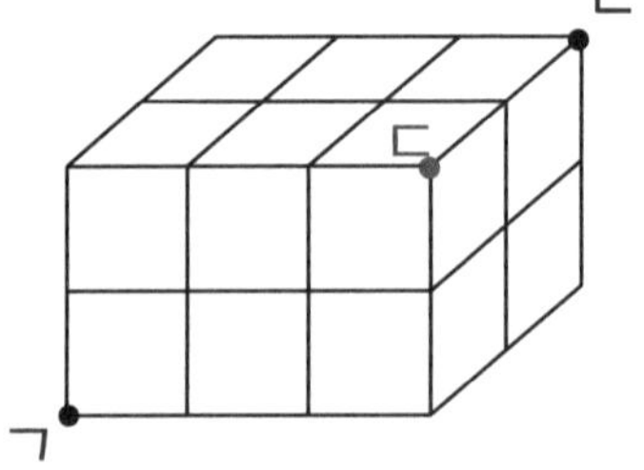

Step 3 무우와 친구들이 최단거리로 점 ㄱ에서 점 ㄴ까지 가는 최단경로의 가짓수를 구하세요.

풀이

문제 해결 TIP

목표 지점까지 가기 위한 방향대로 그 갯수를 일렬로 나열하는 경우의 수와 최단경로의 개수는 같습니다.

Step 1 온전한 직육면체에서 점 ㄱ에서 점 ㄴ까지 최단경로로 가기 위해선 가로로 3번, 세로로 2번, 위로 2번을 움직여야 합니다. 따라서 최단경로의 가짓수는 (가로, 가로, 가로, 세로, 세로, 위, 위) 를 일렬로 나열하는 경우의 수와 같습니다.
7개를 일렬로 나열하는 경우의 수는 $7 \times 6 \times 5 \times 4 \times 3 \times 2 \times 1 = 5040$입니다.
이 중 같은 방향끼리는 서로 순서가 바뀌어도 경로는 같으므로 가로를 나열하는 경우의 수인 $3 \times 2 \times 1 = 6$, 세로를 나열하는 경우의 수인 $2 \times 1 = 2$, 위를 나열하는 경우의 수인 $2 \times 1 = 2$를 나누어주어야 합니다.
따라서 온전한 직육면체에서 점 ㄱ에서 점 ㄴ까지 변을 따라가는 최단경로의 개수는 $5040 \div (6 \times 2 \times 2) = 210$가지입니다.

Step 2 점 ㄷ 에서 점 ㄴ까지 가는 최단경로의 개수는 1가지 입니다.
따라서 점 ㄱ에서 점 ㄷ을 거쳐서 점 ㄴ까지 가는 최단경로의 개수는 점 ㄱ에서 점 ㄷ까지 가는 최단경로의 개수와 같습니다. 점 ㄱ에서 점 ㄷ까지 가는 최단경로는 (가로, 가로, 가로, 세로, 세로) 를 일렬로 나열하는 경우의 수와 같습니다.
5개를 일렬로 나열하는 경우의 수는 $5 \times 4 \times 3 \times 2 \times 1 = 120$입니다.
이 중 같은 방향끼리는 서로 순서가 바뀌어도 경로는 같으므로 가로를 나열하는 경우의 수인 $3 \times 2 \times 1 = 6$, 세로를 나열하는 경우의 수인 $2 \times 1 = 2$를 나누어주어야 합니다.
따라서 점 ㄱ에서 점 ㄷ 을 거쳐서 점 ㄴ까지 가는 최단경로의 개수는 $120 \div (6 \times 2) = 10$가지입니다.

Step 3 11개의 정육면체를 쌓아놓은 도형에서 점 ㄱ에서 점 ㄴ으로 가는 최단경로의 개수는 (온전한 직육면체에서 점 ㄱ에서 점 ㄴ으로 가는 최단경로의 개수) − (점 ㄱ에서 점 ㄷ을 거쳐서 점 ㄴ까지 가는 최단경로의 개수)입니다.
따라서 무우와 친구들이 최단거리로 점 ㄱ에서 점 ㄴ까지 가는 최단경로의 가짓수는 $210 - 10 = 200$가지 입니다.

정답 : 200가지

확인하기 정육면체 8개를 붙여서 만든 도형에서 점 ㄱ에서 점 ㄴ까지 변을 따라가는 최단경로의 개수를 구하세요.

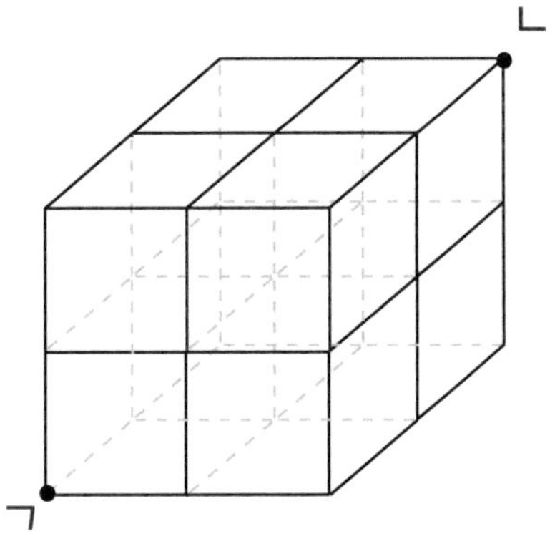

3 대표문제

2. 면을 따라가는 최단경로

기념비의 일부를 도형화했더니 오른쪽 그림과 같이 밑면의 지름이 6, 높이가 15인 원기둥이 되었습니다. 무우가 관찰하던 개미는 오른쪽 그림과 같이 이 원기둥의 옆면을 한 바퀴 돌면서 올라가서 ㄱ 지점에서 ㄴ 지점으로 최단거리로 이동하였습니다. 이 원기둥의 옆면의 넓이 중 개미가 지나간 자국보다 아래에 있는 부분의 넓이는 얼마일지 구하세요. (단, π 는 3.14 로 계산합니다.)

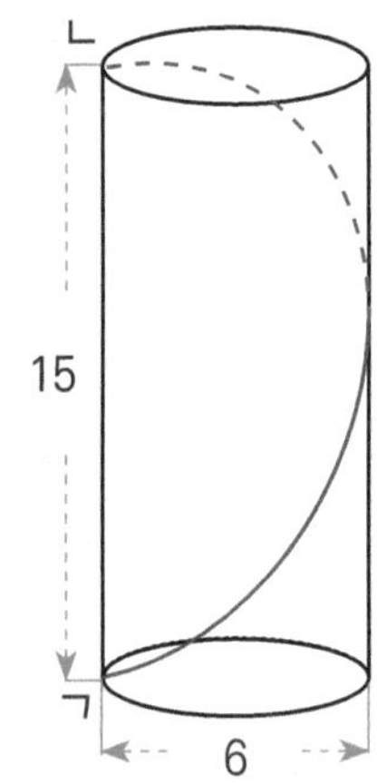

Step 1 원기둥의 전개도를 그리세요.

Step 2 원기둥의 전개도에 개미가 지나간 자국을 그리세요.

Step 3 원기둥의 옆면의 넓이 중 개미가 지나간 자국보다 아래에 있는 부분의 넓이를 구하세요.

풀이

Step 1 원기둥의 전개도는 다음과 같습니다. 밑면의 원둘레는 $2 \times \pi \times 3 = 6\pi$입니다.

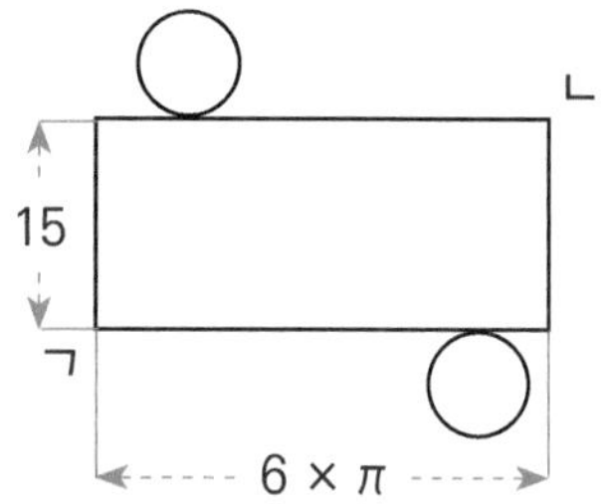

Step 2 점 ㄱ에서 점 ㄴ까지 개미가 지나간 자국은 다음과 같습니다.

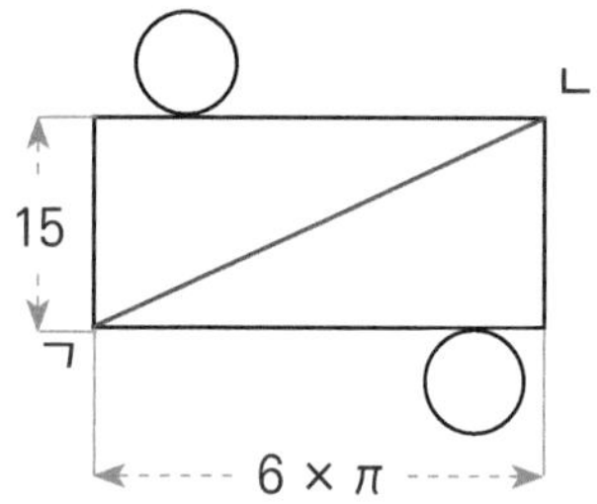

Step 3 원기둥의 옆면의 넓이 중 개미가 지나간 자국보다 아래에 있는 부분의 넓이는 다음과 같습니다.

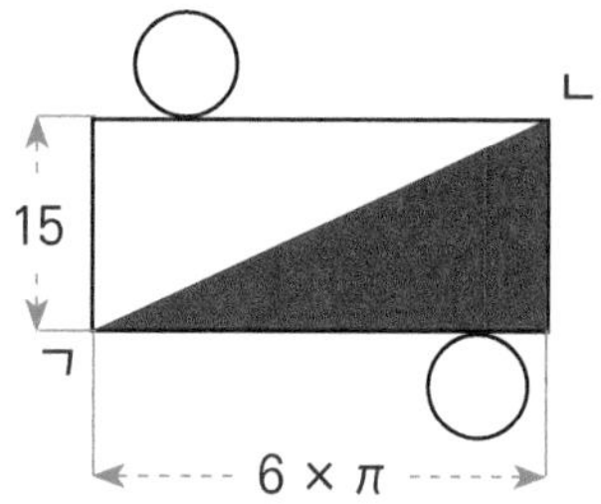

따라서 해당 부분의 넓이는 $(15 \times 6 \times \pi) \div 2 = 141.3$입니다.

정답 : 풀이과정 참조 / 풀이과정 참조 / 141.3

확인하기

아래와 같이 정육면체의 점 ㄹ과 점 ㅁ을 끈으로 팽팽하게 연결하려고 합니다. 아래의 도형의 전개도를 그리고 점 ㄹ과 점 ㅁ을 잇는 끈을 전개도에 그리세요.

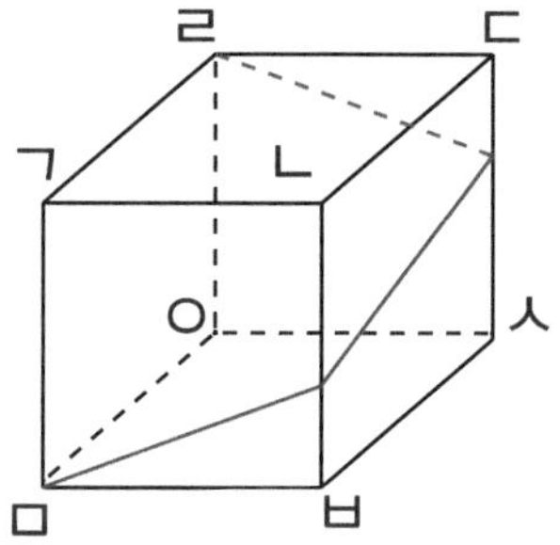

3 연습문제

01 정육면체의 점 A에서 점 B까지 변을 따라 갈 때, 변을 5번 지나서 가는 경우는 총 몇 가지인지 구하세요. (단, 1번 지나간 점은 다시 지나갈 수 없습니다.)

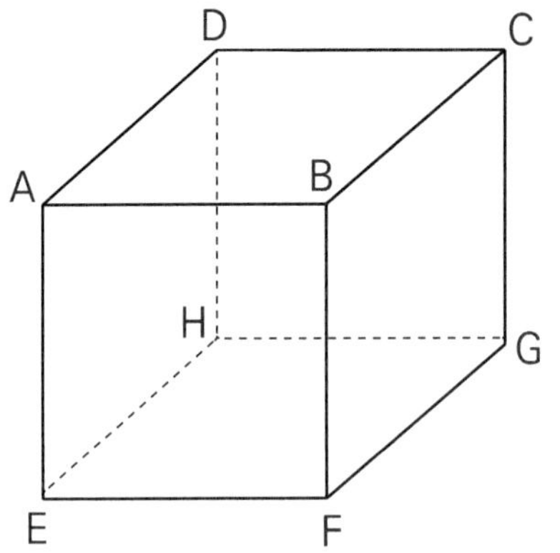

02 정사면체의 점 A에서 점 A와 점 B의 중점인 점 M까지 최단거리가 되도록 끈으로 연결하였습니다. 이 정사면체의 전개도를 그리고 전개도에 끈을 그리세요.

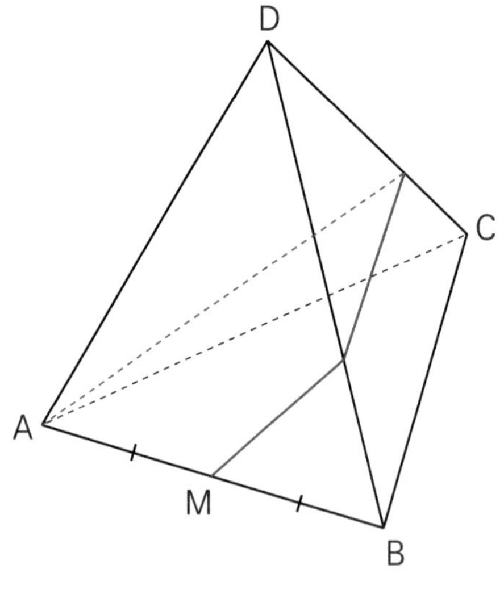

03 크기와 모양이 같은 정육면체 3개를 붙여 만든 도형의 점 A에서 출발해서 변을 따라 점 B 로 가는 최단거리인 경로의 개수를 구하세요.

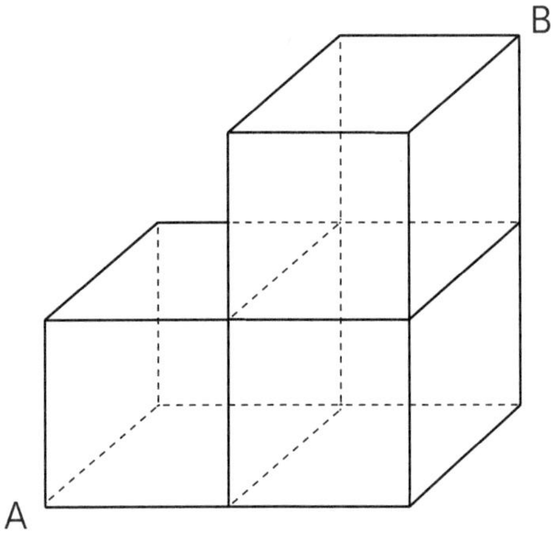

04 사각뿔의 점 B에서 출발한 후 변을 따라 이동하려 합니다. 4개의 변을 지나 처음으로 다시 점 B 로 돌아오게 되는 경로는 총 몇 가지일지 구하세요. (단, 한 꼭지점을 여러 번 지날 수 있습니다.)

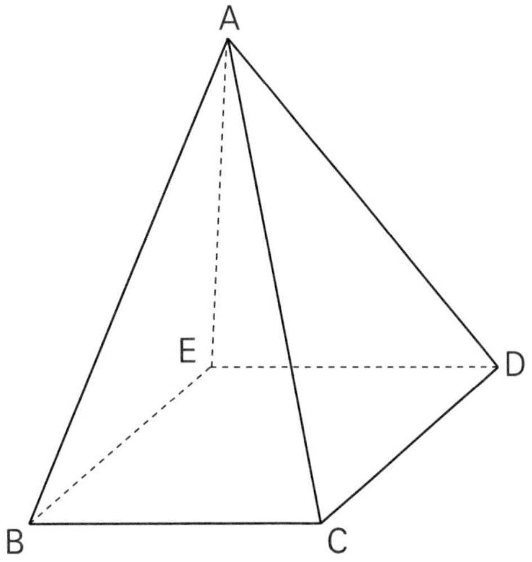

05 한 변의 길이가 8인 정육면체의 점 H 와 점 G 를 최단거리가 되도록 끈을 이용하여 연결했습니다. 선분 EM 의 길이를 구하세요.

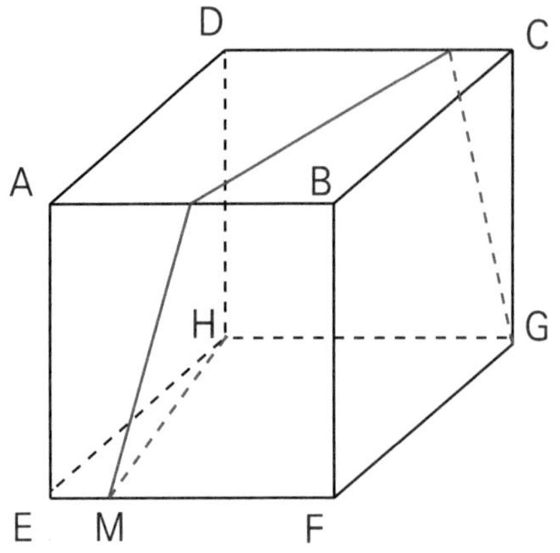

06 크기와 모양이 같은 정육면체 4개를 붙여서 새로운 도형을 만들었습니다. 이 도형의 점 A에서 점 B 까지 변을 따라 갈 때, 점 C 를 거쳐서 가는 최단거리의 경로는 모두 몇 가지인지 구하세요.

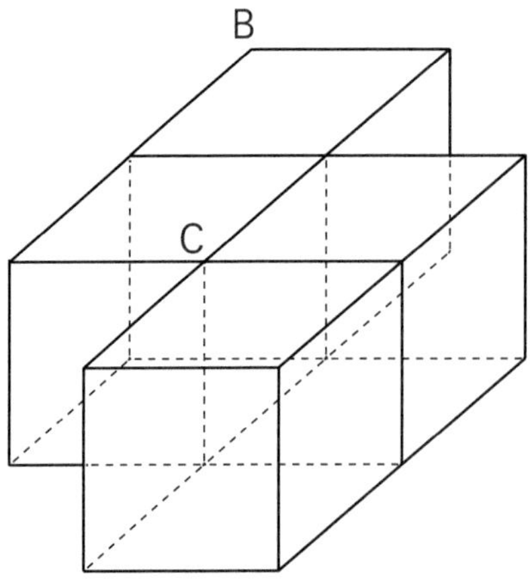

07 공이 정육면체의 점 A에서 출발해서 변을 따라 움직일 때, 5개의 변을 지난 후 이 공이 점 B에 있을 경우의 수는 모두 몇 가지인지 구하세요. (단, 같은 꼭지점을 여러 번 지날 수 있습니다.)

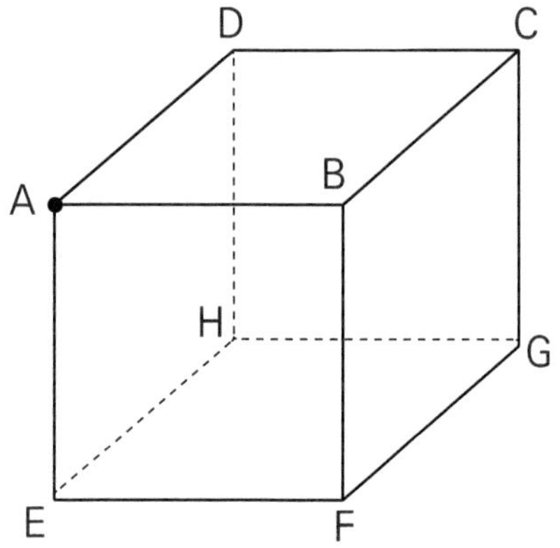

08 원뿔의 옆면을 최단거리가 되도록 빨간색 끈으로 한 바퀴 감았습니다. 이 빨간색 끈의 길이를 구하세요.

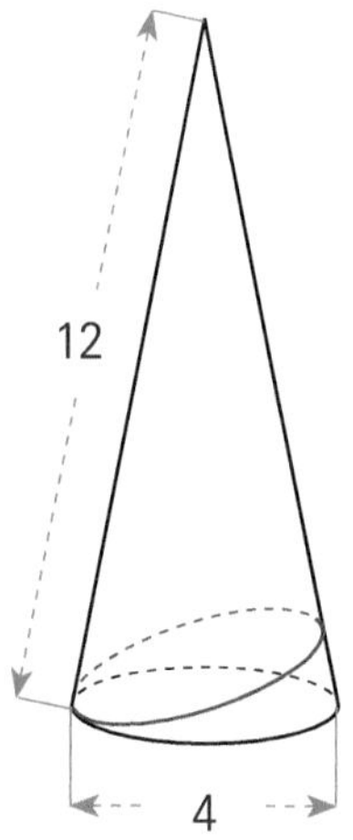

01 정팔면체의 점 A에서 점 B까지 변을 따라 이동하는 서로 다른 경로의 개수를 모두 구하세요. (단, 같은 점은 한 번만 지날 수 있습니다.)

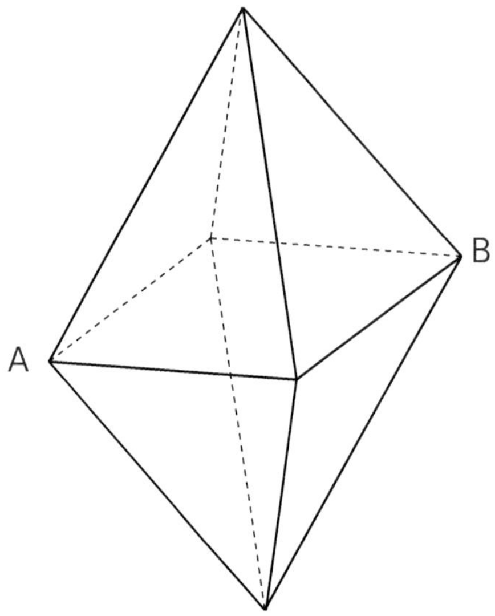

02 정육면체의 점 A에서 출발해서 변을 따라 점 B로 가는 경로는 모두 몇 가지인지 구하세요. (단, 각 꼭지점은 한 번만 지날 수 있습니다.)

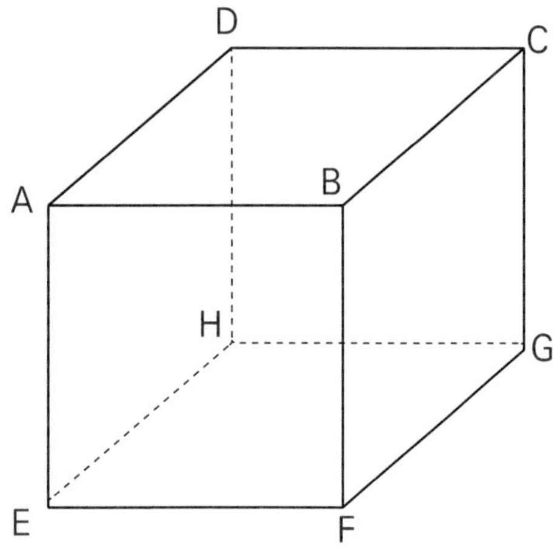

03 밑면의 지름의 길이가 4, 높이가 12인 원기둥의 점 A에서 최단거리로 점 B까지 오도록 끈으로 원기둥을 2 바퀴 감았습니다. 원기둥의 옆면의 넓이 중 이 끈 사이 부분의 넓이를 구하세요. (단, π는 3.14로 계산합니다.)

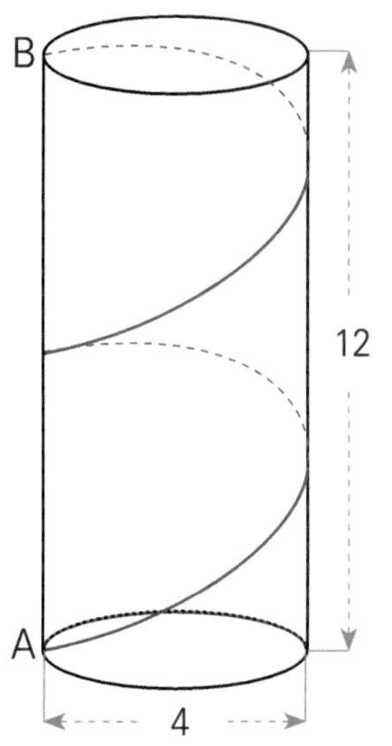

04 크기와 모양이 같은 정육면체 5개를 붙여서 새로운 도형을 만들었습니다. 이 도형의 A 지점에서 D 지점까지 변을 따라 이동할 때, 점 B 또는 점 C 를 지나지 않는 최단경로의 개수를 구하세요.

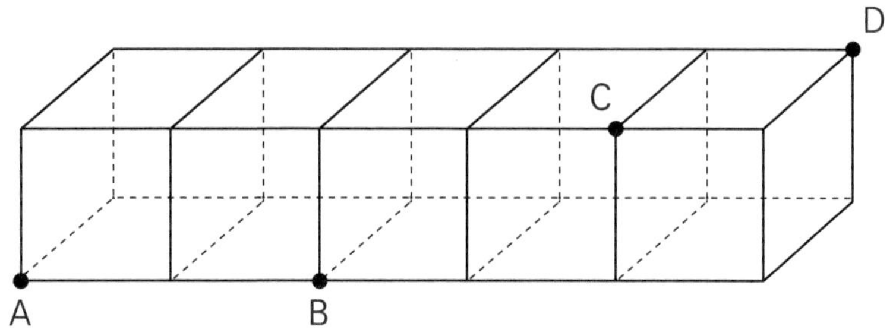

01 정육면체 또는 직육면체에서 점 B는 점 A의 대각 꼭지점이라고 합니다. 크기와 모양이 같은 36개의 정육면체를 붙여서 새로운 직육면체를 만들려고 합니다. 새로 만든 직육면체의 한 점 A에서 A의 대각 꼭지점까지 변을 따라 갈 때, 최단경로의 개수가 가장 많게 직육면체를 만들고 그때의 최단경로의 개수를 구하세요.

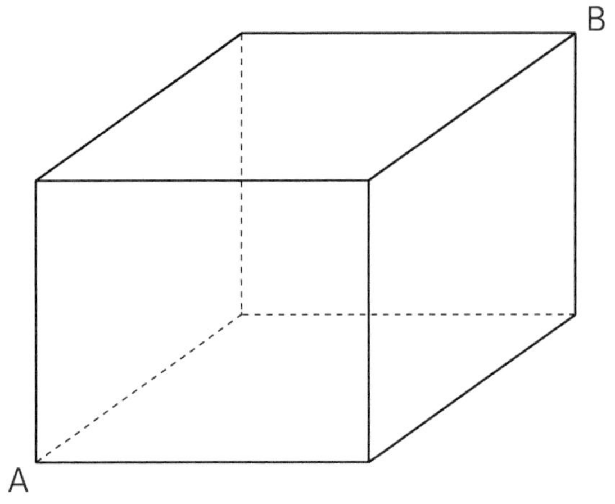

02
창의융합문제

학생감옥의 학생이 수감된 방에서 출구까지의 경로가 아래와 같이 크기와 모양이 같은 3개의 정육각기둥을 붙여놓은 변의 모습일 때, 출구까지 최단거리로 가기 위한 경로는 모두 몇 가지일지 구하세요.

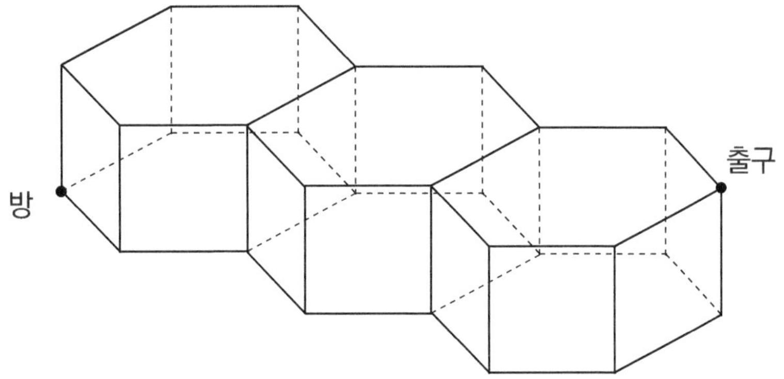

독일에서 셋째 날 모든 문제 끝!
뮌헨으로 이동하는 무우와 친구들에게 어떤 일이 일어날까요?

4색 정리

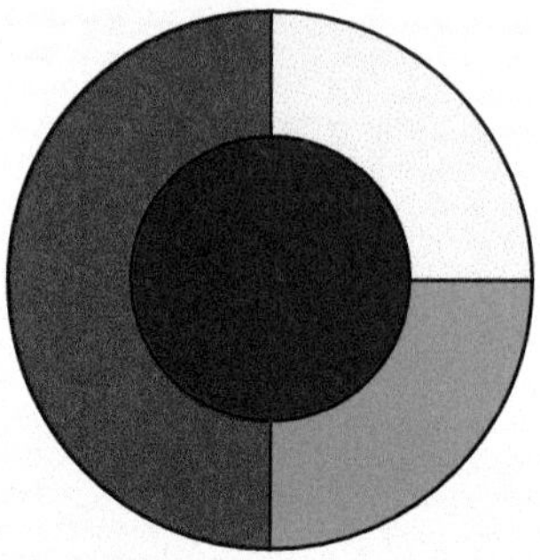

〈4색 정리 예시〉

1852년 프란시스 거스리(Francis Guthrie) 는 아래와 같은 한 가지 문제를 제시했습니다. '평면상의 지도에 색을 칠하는데 블럭, 도시, 국가 등의 경계면이 접하는 인접 지역을 모두 다른 색으로 칠하기 위해선 얼마나 많은 색이 필요할까?'

그 후 약 100년 동안 많은 사람들이 이 문제에 도전했지만 아무도 색깔의 가짓수를 증명해내지 못했습니다.

1970년대에 이르러서야 미국 일리노이 대학교의 두 교수가 슈퍼 컴퓨터를 이용해서 마침내 '평면상의 모든 지도는 4개의 색만 있으면 인접한 지역을 모두 다른 색으로 칠할 수 있다' 는 것을 증명했습니다. 이것을 '4색 정리' 라고 합니다.

이들은 평면상의 지도가 될 수 있는 모든 경우를 분류하고 각 경우를 4색으로 칠할 수 있다는 것을 슈퍼 컴퓨터로 보이는 것으로 이 문제를 풀어냈는데 이는 수학 정리가 손으로 증명되지 못한 첫 번째 사례가 되었습니다.

4. 영역 구분하기

독일 넷째 날 DAY 4

무우와 친구들은 독일에 가는 넷째 날, <뮌헨>에 도착했어요. 무우와 친구들은 넷째 날에 <BMW 박물관>을 여행할 예정이에요. 자, 그럼 <BMW 박물관> 에서 만날 수학 문제에는 어떤 것들이 있을까요?

4 단원 살펴보기

▶ 영역 구분하기

궁금해요 ?

검정, 빨강, 노랑 총 3개의 색을 이용해서 아래의 세 개의 칸을 인접한 칸은 서로 다른 색으로 채우면 몇 개의 국기를 만들 수 있을까요?

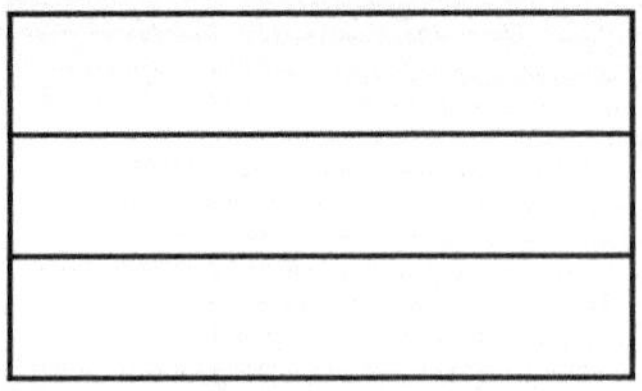

1. 3가지 색 중 2가지 색만 이용해서 채우는 경우의 수를 구하세요. (단, 회전은 생각하지 않습니다.)

2. 3가지 색 모두를 이용해서 채우는 경우의 수를 구하세요. (단, 회전은 생각하지 않습니다.)

1 영역 구분하는 방법

1. 경계면이 접하는(변이 맞닿은 부분이 있는) 인접한 영역은 서로 다른 색으로 칠해야 합니다.

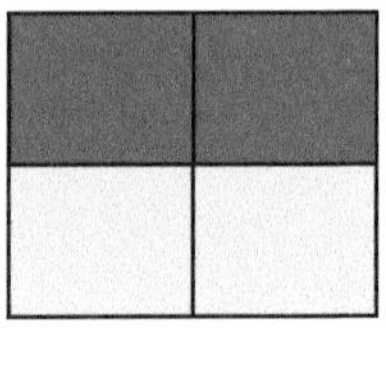 (X)

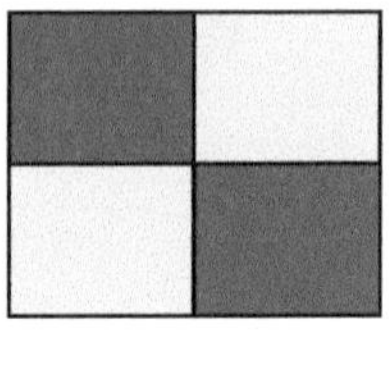 (O)

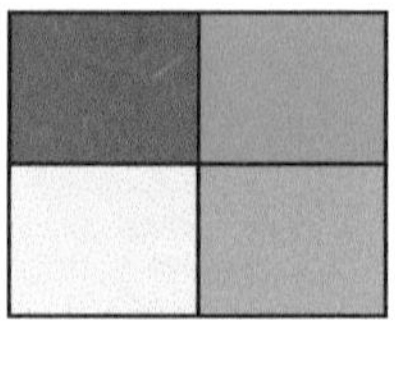 (O)

2. 회전해서 같은 경우는 하나의 경우로 생각합니다.

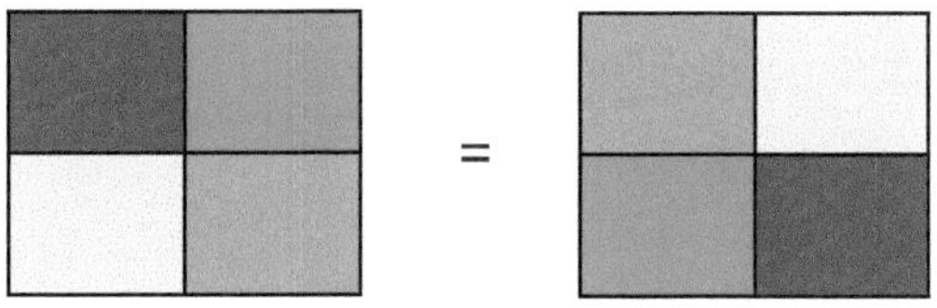

3. 인접한 영역이 가장 많은 영역을 먼저 생각합니다.

오른쪽 그림과 같은 ㉠, ㉡, ㉢, ㉣, ㉤ 다섯 부분에 최소 개수의 색으로 색을 칠하기 위해선 영역 ㉠이 인접한 영역이 가장 많으므로 ㉠을 기준으로 생각하는 것이 바람직합니다.

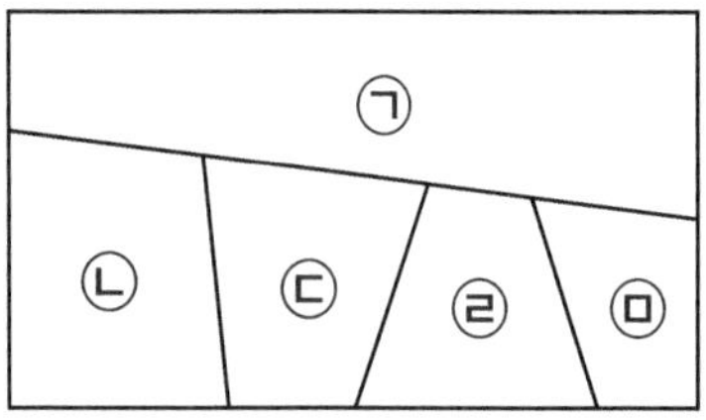

4. 수형도를 이용해서 경우의 수를 세어봅니다.

오른쪽 그림과 같은 ㉠, ㉡, ㉢, ㉣, ㉤, ㉥ 여섯 부분에 빨, 파, 초 총 3개의 색을 모두 이용하면서 인접한 부분은 다른색으로 칠할 때, 단순 경우의 수 계산으로는 아래와 같이 확실하게 떨어지지 않는 부분이 존재합니다.

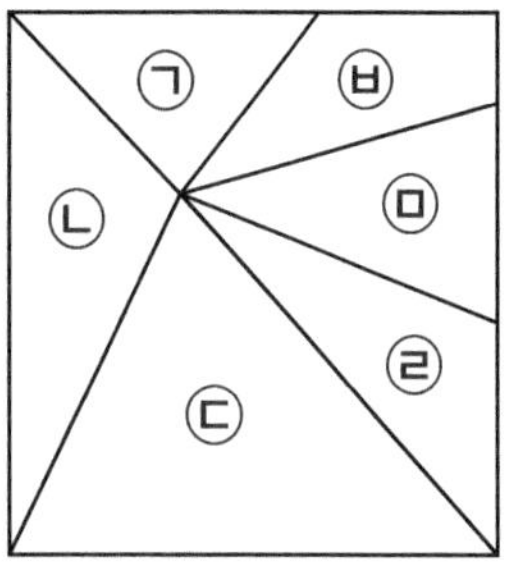

※ ㉠ - (빨, 파, 초 3가지 모두 가능), ㉡ - (㉠에 칠한 색을 제외한 2가지 가능), ㉢ - (㉡에 칠한 색을 제외한 2가지 가능), ㉣ - (㉢에 칠한 색을 제외한 2가지 가능), ㉤ - (㉣에 칠한 색을 제외한 2가지 가능), ㉥ - (㉠과 ㉤의 색이 같을 경우 2가지 또는 ㉠과 ㉤의 색이 다를 경우 1가지)

이와 같은 경우 수형도를 이용해서 모든 경우를 세어주도록 합니다.

1. 3가지 색 중 2가지 색을 고르는 경우의 수는 3가지 입니다.

만약 검정, 빨강 2개의 색을 골랐다면 색을 채우는 경우의 수는 아래와 같이 2가지 입니다.

따라서 총 경우의 수는 3 × 2 = 6가지 입니다.

2. 3가지 색 모두를 이용할 때는 다음과 같이 경우의 수를 구할 수 있습니다.

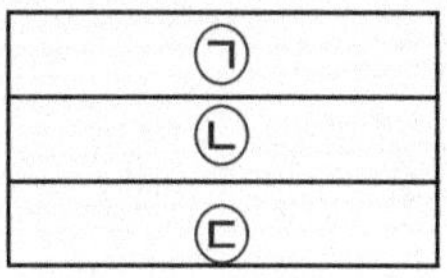

㉠에는 검정, 빨강, 노랑 3개의 색이 모두 들어갈 수 있습니다. → 3가지

㉡에는 ㉠에 칠한 색을 제외한 2개의 색이 들어갈 수 있습니다. → 2가지

㉢에는 ㉡에 칠한 색을 제외한 2개의 색이 들어갈 수 있습니다. → 2가지

따라서 회전을 생각하지 않는다면 3가지 색 모두를 이용해서 색칠하는 경우의 수는 3 × 2 × 2 = 12가지 입니다.

4 대표문제

1. 색칠하는 경우의 수

아래와 같이 원을 4 등분하여 ㉠, ㉡, ㉢, ㉣ 총 네 부분을 빨강, 노랑, 초록 총 3가지 색을 이용하여 인접한 부분은 서로 다른 색으로 색칠하려 합니다. 서로 다르게 색칠할 수 있는 경우의 수를 구하세요. (단, 회전해서 같은 경우는 한 가지로 생각합니다.)

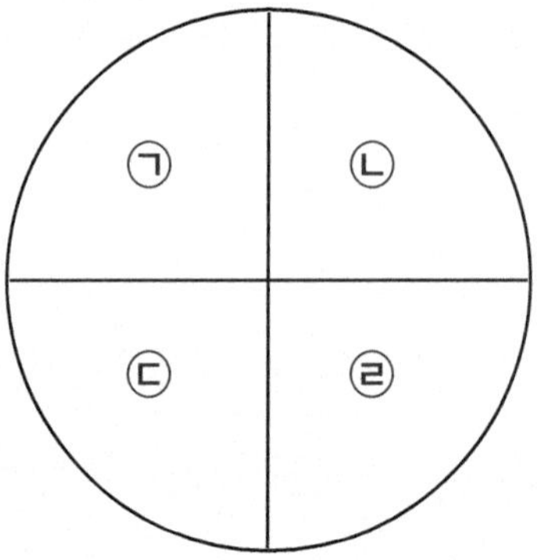

Step 1 3가지 색 중 2가지 색을 이용하여 색칠하는 경우의 수를 구하세요.

Step 2 3가지 색을 모두 이용하여 색칠하는 경우의 수를 구하세요.

Step 3 ㉠, ㉡, ㉢, ㉣ 총 네 영역을 빨강, 노랑, 초록 총 3가지 색을 이용하여 색칠하는 경우의 수를 구하세요.

풀이

문제 해결 TIP

회전했을 때 서로 같은 경우를 먼저 생각해보도록 합니다.

Step 1 먼저 3가지 색 중 이용할 2가지 색을 골라야 합니다.
빨강, 노랑, 초록 총 3가지 색 중 2가지 색을 고르는 방법은 3가지 입니다. (빨강, 노랑), (빨강, 초록), (노랑, 초록)
2가지 색으로 ㉠, ㉡, ㉢, ㉣ 총 네 부분을 서로 인접한 부분은 다른 색으로 칠하는 방법은 오른쪽 그림과 같이 1가지 입니다.
따라서 3가지 색 중 2가지 색을 이용하여 서로 인접한 부분은 다른 색으로 칠하는 방법은 3 × 1 = 3가지 입니다.

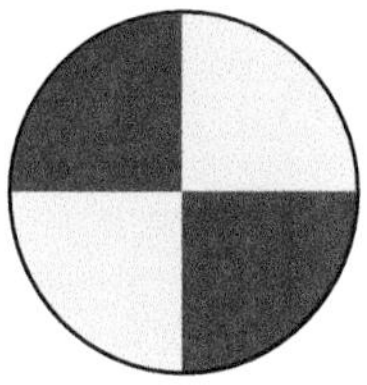

Step 2 3가지 색을 ㉠, ㉡, ㉢, ㉣ 총 네 부분에 칠하면 3가지 색 중 1가지 색은 2개의 부분에 칠해지게 됩니다.
2개의 부분에 칠해지는 색을 고르는 방법은 3가지 입니다.
(빨강, 빨강, 노랑, 초록), (노랑, 노랑, 빨강, 초록), (초록, 초록, 빨강, 노랑)
3가지 색으로 ㉠, ㉡, ㉢, ㉣ 총 네 부분을 서로 인접한 부분은 다른 색으로 칠하는 방법은 오른쪽 그림과 같이 1가지 입니다.
따라서 3가지 색을 모두 이용하여 서로 인접한 부분은 다른 색으로 칠하는 방법은 3 × 1 = 3가지 입니다.

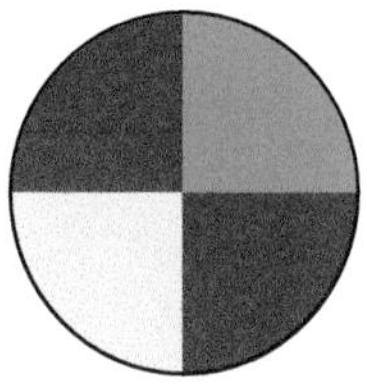

Step 3 서로 인접한 부분은 서로 다른 색으로 칠해야 하므로 3가지 색 중 1가지 색만을 이용해서는 칠할 수 없습니다. 따라서 총 색칠하는 경우의 수는 2가지 색을 이용해 색칠하는 방법 3가지와 3가지 색을 이용해 색칠하는 방법 3가지를 합한 3 + 3 = 6가지가 됩니다.

정답 : 3가지 / 3가지 / 6가지

확인하기

㉠, ㉡, ㉢, ㉣ 총 네 영역을 빨강, 노랑, 초록 총 3가지 색을 모두 이용해 색칠하는 경우의 수를 구하세요. (단, 회전해서 같은 경우는 한 가지로 생각하며 인접한 부분에 같은 색을 칠할 수 있습니다.)

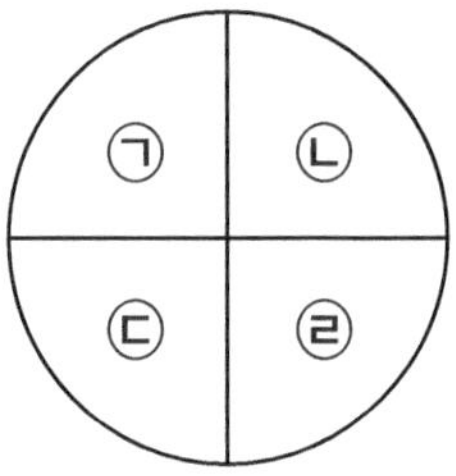

4 대표문제

2. 색칠하기 위한 최소 개수의 색

6 구역을 나타내는 지도가 아래와 같습니다. 서로 경계면이 접하는 인접한 지역은 다른 색으로 색칠해서 구분하고자 할 때, 최소 몇 가지 색이 필요할 지 구하세요. (단, 같은 색은 여러 번 사용가능합니다.

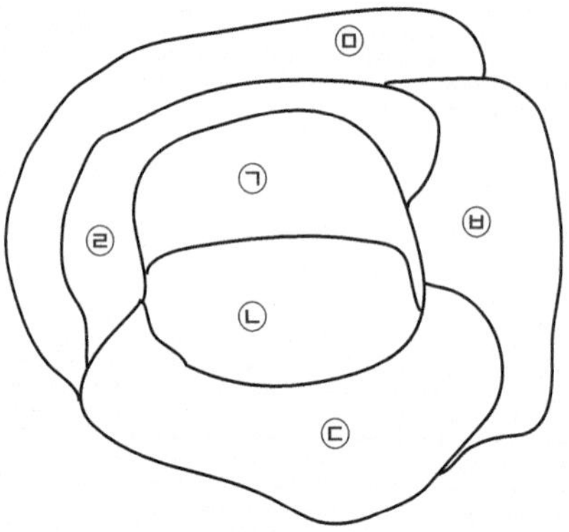

Step 1 다른 지역과 가장 많이 맞닿아 있는 지역을 찾으세요.

Step 2 각 색깔을 ⓐ, ⓑ, ⓒ, ⓓ 라고 할 때, 이 중 3개 또는 4개의 색을 쓰면서 각 지역에 번호를 넣으세요.

Step 3 서로 경계면이 접하는 인접한 지역은 다른 색으로 색칠해서 구분하려면 최소 몇 가지 색이 필요할 지 구하세요.

풀이

문제 해결 TIP

서로 맞닿아 있는 지역들을 먼저 파악 해보도록 합니다.

Step 1 ㉠ 지역과 맞닿아 있는 지역 : ㉡, ㉢, ㉣, ㉥ 총 4가지
㉡ 지역과 맞닿아 있는 지역 : ㉠, ㉢, ㉣ 총 3가지
㉢ 지역과 맞닿아 있는 지역 : ㉠, ㉡, ㉣, ㉤, ㉥ 총 5가지
㉣ 지역과 맞닿아 있는 지역 : ㉠, ㉡, ㉢, ㉤, ㉥ 총 5가지
㉤ 지역과 맞닿아 있는 지역 : ㉢, ㉣, ㉥ 총 3가지
㉥ 지역과 맞닿아 있는 지역 : ㉠, ㉢, ㉣, ㉤ 총 4가지
가장 많은 지역과 맞닿아 있는 지역은 ㉢, ㉣ 입니다.

Step 2 먼저 3개의 색을 ⓐ, ⓑ, ⓒ 이라고 하고 서로 접한 지역은 다른 색으로 색칠해보면 아래와 같이 서로 겹치는 부분이 생기게 됩니다.

㉠	㉡	㉢	㉣	㉤	㉥
ⓐ	ⓑ	ⓒ	불가		

다른 방법으로도 다양한 시도를 해보면 3개의 색으로는 인접한 지역을 서로 다른 색으로 색칠할 수 없다는 것을 알 수 있습니다.
4개의 색을 ⓐ, ⓑ, ⓒ, ⓓ 라고 하면 아래와 같이 서로 접한 지역을 다른 색으로 색칠하는 방법이 존재합니다.

㉠	㉡	㉢	㉣	㉤	㉥
ⓐ	ⓑ	ⓒ	ⓓ	ⓐ	ⓑ

Step 3 따라서 〈보기〉 와 같은 지도에 색칠할 때, 서로 접하는 인접한 지역을 서로 다른 색으로 색칠해서 구분하기 위해선 4가지 색이 필요합니다.

정답 : ㉢, ㉣ / 풀이과정 참조 / 풀이과정 참조

확인하기

아래와 같은 5개의 영역을 색칠하려고 하는데, 서로 접한 영역은 다른 색으로 색칠하려면 최소 몇 개의 색이 필요한지 적으세요.

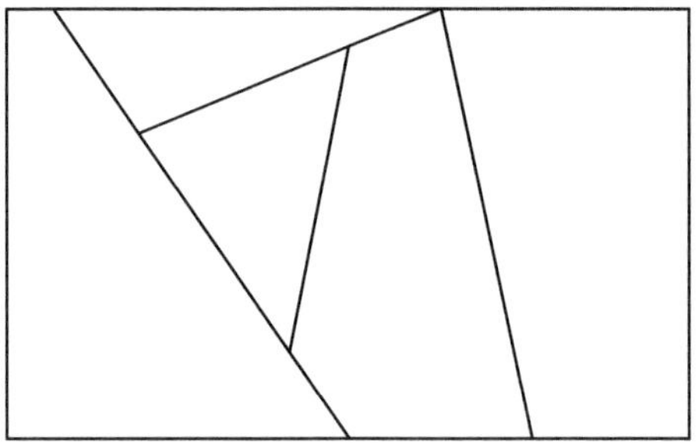

4 연습문제

01 아래의 각 도형을 색칠하려 합니다. 각 도형에서 서로 인접한 부분은 다른 색으로 색칠해 구분하려 할 때, 필요한 색의 최소 개수를 각각 구하세요.

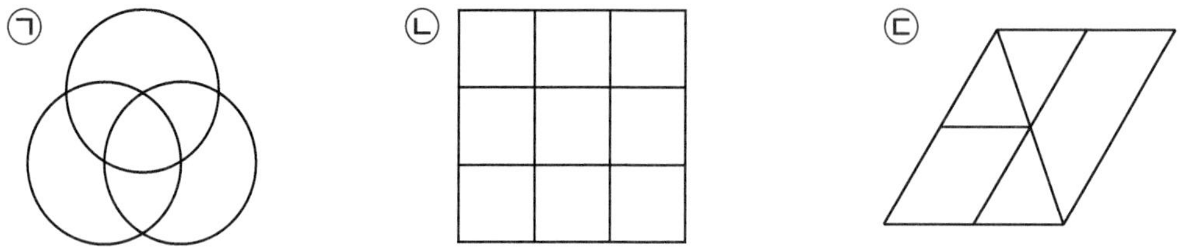

02 3 등분 된 원의 3개의 영역에 빨강, 노랑, 초록 총 3개의 색을 이용해 색칠하려 합니다. 색칠할 수 있는 모든 경우의 수를 구하세요. (단, 회전해서 같은 경우는 한 가지로 생각하며 인접한 영역에 같은 색을 칠할 수 있습니다.)

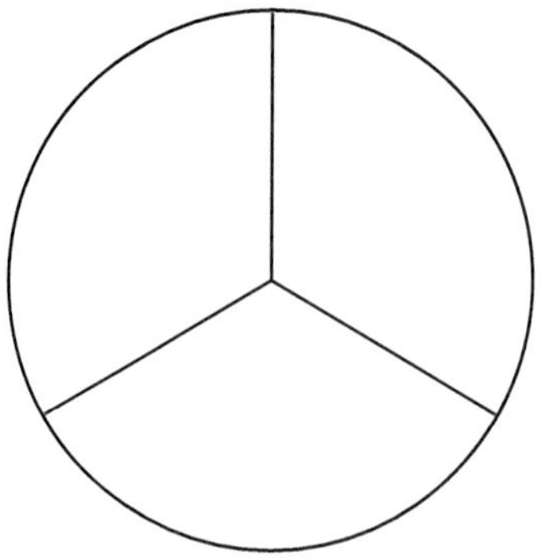

03 서로 연결된 5개의 원에 색을 칠하려고 합니다. 선으로 서로 연결된 영역은 같은 색을 칠할 수 없을 때, 모든 원을 색칠하기 위해선 최소 몇 개의 색이 필요한지 구하세요.

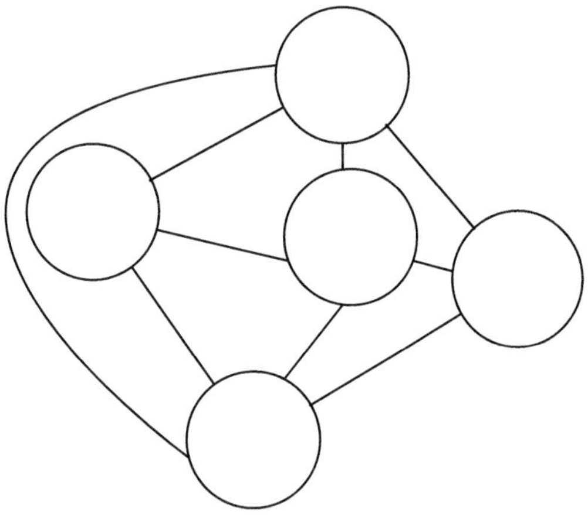

04 4 등분된 정삼각형의 4개의 영역을 빨강, 노랑, 초록 총 3개의 색을 이용해서 서로 인접한 영역은 다른 색이 되도록 색칠하려 합니다. 색칠하는 경우의 수를 구하세요. (단, 회전해서 같은 경우는 한 가지로 생각합니다.)

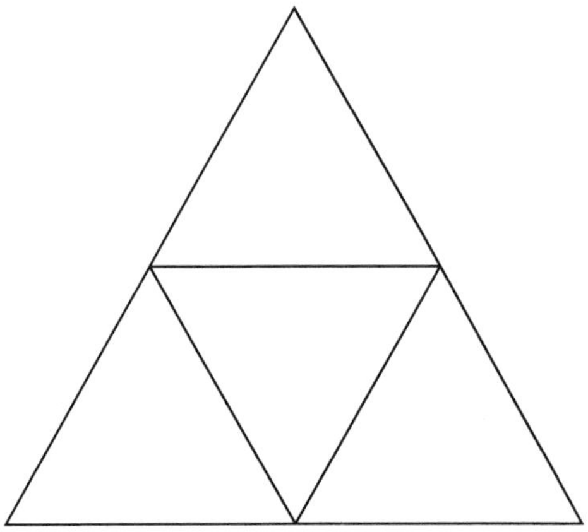

4 연습문제

05 정사각형을 5개의 영역으로 나눈 도형을 서로 다른 4개의 색깔을 이용해 색칠하려 합니다. 같은 색은 여러 번 사용할 수 있지만 서로 인접한 영역은 다른 색을 칠해서 구별하려고 할 때, 색칠할 수 있는 경우의 수를 구하세요. (단, 회전해서 같은 경우는 한 가지로 생각합니다.)

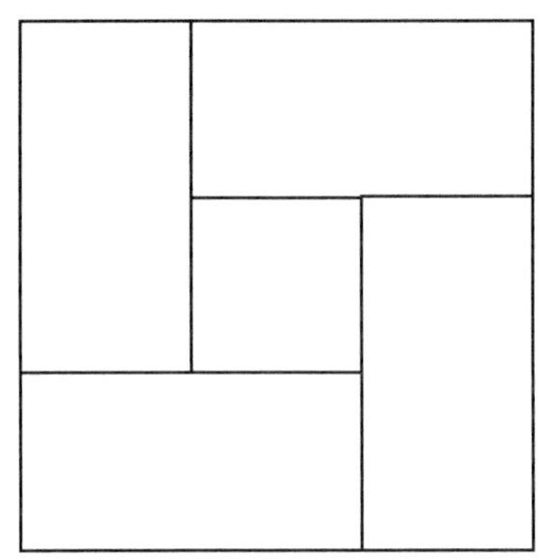

06 정사면체의 각 면을 2개의 색을 이용해 색칠하려 합니다. 1개 또는 2개의 색을 이용해 색칠할 수 있는 경우의 수를 구하세요. (단, 회전하거나 뒤집었을 때 같은 경우는 한 가지로 생각합니다.)

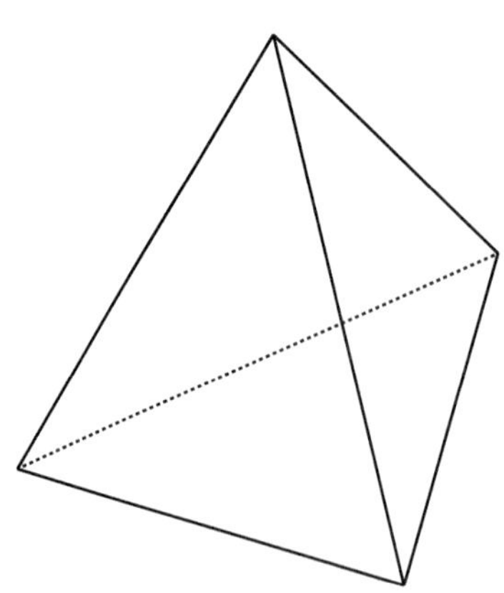

07 직사각형을 3 등분한 3개의 영역을 빨강, 노랑, 초록, 파랑, 보라 총 5개의 색을 이용해 색칠하려 합니다. 인접한 영역에 같은 색을 칠해도 될 때, 색을 칠할 수 있는 경우의 수를 구하세요. (단, 회전해서 같은 경우는 한 가지로 생각합니다.)

08 연결된 5개의 원에 3개의 색을 이용해서 색칠하려 합니다. 선으로 서로 연결된 원은 서로 다른 색을 칠해야 할 때, 색칠할 수 있는 경우의 수를 구하세요. (단, 회전은 생각하지 않습니다.)

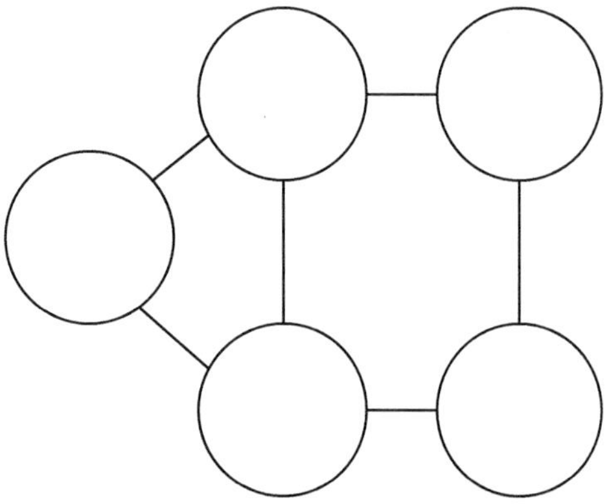

4 심화문제

01 직사각형을 4개의 영역으로 사등분하여 빨강, 노랑, 초록, 파랑 총 4개의 색을 이용해서 색칠하려 합니다. 서로 인접한 영역은 다른 색을 칠해야 할 때, 색칠할 수 있는 경우의 수를 구하세요. (단, 회전해서 같은 경우는 한 가지로 보며 사용하지 않는 색이 있을 수 있습니다.)

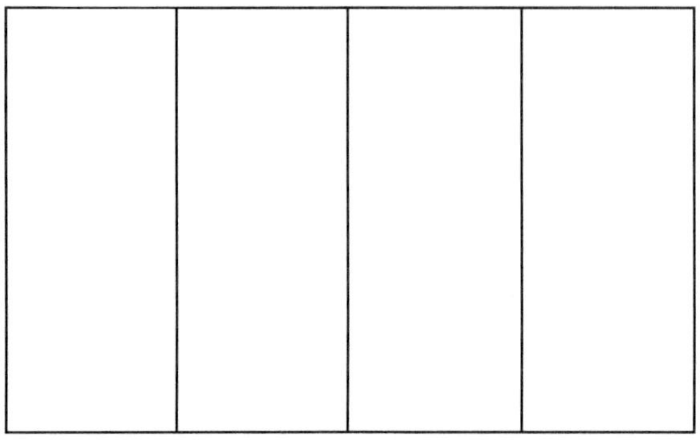

02 직사각형을 6 등분한 6개의 영역에 색을 칠하려 합니다. 〈조건〉에 맞게 칠할 수 있는 경우의 수를 구하세요.

조건

① 빨강, 노랑, 초록, 파랑 총 4개의 색을 여러 번씩 사용할 수 있습니다.

② 빨강은 3번 사용합니다.

③ 변이 맞닿는 영역은 서로 다른 색으로 색칠합니다.

④ 회전했을 때 같은 경우는 한 가지로 생각합니다.

03 정사각형의 중심에 원을 놓고 6개의 영역으로 나누었습니다. 서로 다른 6개의 색을 한 번씩만 이용해서 이 6개의 영역을 색칠하는 경우의 수를 구하세요. (단, 회전해서 같은 경우는 한 가지로 생각합니다.)

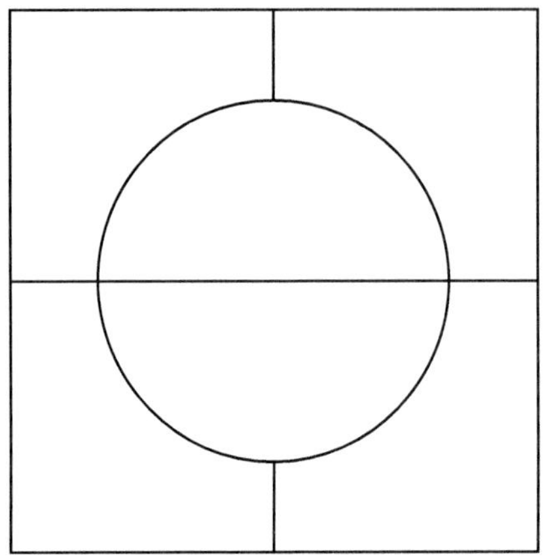

정답 및 풀이 P.24

04

정육면체의 각 면을 서로 다른 6개의 색을 한 번씩 이용해서 색칠하려 합니다. 색칠할 수 있는 모든 경우의 수를 구하세요. (단, 회전하거나 뒤집었을 때 같은 경우는 한 가지로 생각합니다.)

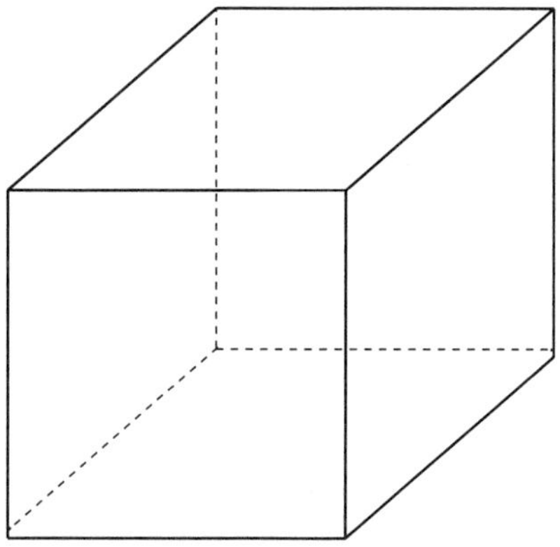

01 무우는 친구들과 다트 게임을 하기 위해 아래와 같이 원을 5 등분한 5개의 영역을 서로 다른 4개의 색을 이용해 칠해서 다트판을 만들려고 합니다. 4개의 색은 여러 번씩 칠할 수 있으나 서로 인접한 영역은 다른 색으로 칠해 구별하려고 할 때, 무우가 만들 수 있는 서로 다른 다트판의 개수를 구하세요. (단, 회전은 생각하지 않으며 사용하지 않는 색이 있을 수 있습니다.)

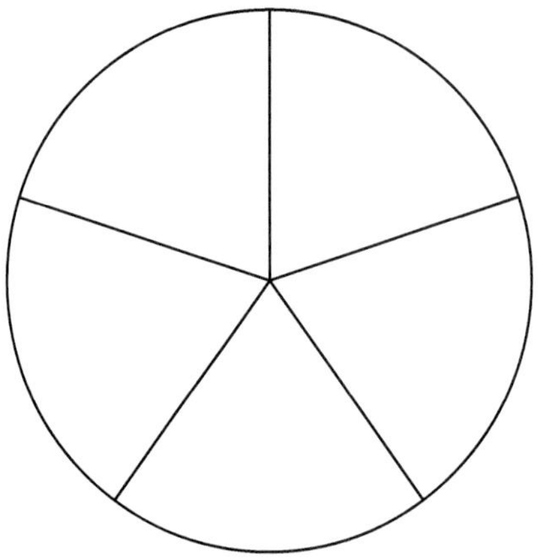

02
창의융합문제

무우와 친구들이 가고싶어 하는 장소를 정리한 표가 아래와 같습니다. 무우와 친구들이 1시에 출발해서 본인이 가고싶은 곳을 모두 관광한 후 3시간 뒤인 4시에 다시 모이기로 했을 때, 어떤 친구들이 함께 어떤 시간대에 어디를 가야할 지에 대한 여행계획을 짜세요.

(예 1시 ~ 2시에 무우와 제이가 강제 수용소 기념관을 갈 동안 상상이는 올림픽 공원을 간다)

	무우	상상	알알	제이
성 미하엘 교회	O		O	O
마리아 광장		O	O	
레지덴츠 궁전	O	O		
님펜부르크 궁전			O	O
올림픽 공원		O		
다하우 강제 수용소 기념관	O			O

이탈리아에서 넷째 날 모든 문제 끝!
베네치아 광장으로 이동하는 무우와 친구들에게 어떤 일이 일어날까요?

도박과 확률

확률에 관한 이론은 '드 메레' 라는 프랑스의 도박사가 '파스칼' 에게 아래와 같은 질문을 편지로 보내면서 발전하게 되었습니다. 편지에는 아래와 같은 내용이 적혀 있었습니다.

> " 실력이 대등한 2명의 도박사 ㉠과 ㉡이 한 번 이길 때마다 1점을 얻고 총 3점을 먼저 얻는 사람이 이기는 내기를 하고 있었어. ㉠, ㉡은 각각 32*피스톨씩 돈을 걸고 이기는 사람이 64피스톨을 모두 갖기로 했지.
> 그런데 피치 못할 사정으로 ㉠이 2점, ㉡이 1점을 얻은 상태에서 내기를 더 이상 진행하지 못하게 되어버렸지 뭐야?
> 64피스톨을 어떻게 ㉠과 ㉡에게 나누어 줘야 공평한 것인지 알려주면 고맙겠어! "
>
> *피스톨 : 17세기에 쓰이던 프랑스의 화폐단위

이 편지를 받은 파스칼은 고민에 빠졌고 파스칼이 이 문제를 연구하고 있다는 소식을 들은 페르마가 파스칼에게 편지를 보냄으로써 함께 연구를 시작했고 이는 곧 확률론의 기초를 다지는 계기가 되었습니다.
이 두 명의 수학자는 어떤 방식으로 문제를 해결했을까요?

5. 확률

독일 다섯째 날 DAY 5

무우와 친구들은 독일에 가는 다섯째 날, <함부르크>에 도착했어요. 무우와 친구들은 다섯째 날에 <알스터 호수>를 여행할 예정이에요. 자, 그럼 <알스터 호수> 에서 만날 수학 문제에는 어떤 것들이 있을까요?

궁금해요 ?

실력이 대등한 2명의 도박사 ㉠과 ㉡이 5판 3선승 내기를 하고 있습니다. ㉠과 ㉡은 각각 32원씩 돈을 걸어서 이기는 사람이 64원을 모두 갖기로 하였습니다. 게임이 진행되던 중 ㉠이 2점, ㉡이 1점을 얻은 상태에서 피치 못할 사정으로 게임을 중단해야 할 때, 이 64원을 어떻게 ㉠과 ㉡이 나눠 가져야 공평한 것일까요?

1 확률이란 ?

1. 확률 : 하나의 사건이 일어날 수 있는 가능성을 수로 나타낸 것으로 일반적으로 확률은 0보다 크거나 같고 1보다 작거나 같습니다.

$$\text{확률} = \frac{\text{어떤 사건이 일어날 경우의 수}}{\text{모든 경우의 수}}$$

예 동전 1개를 던져서 앞면이 나올 확률은?

동전을 1번 던져서 나올 수 있는 모든 경우의 수 : (앞면), (뒷면) → 2가지
동전을 1번 던져서 앞면이 나올 경우의 수 : (앞면) → 1가지

→ 따라서 동전 1개를 던져서 앞면이 나올 확률은 $\frac{1}{2}$ 입니다.

2. 확률의 합의 법칙 : 두 사건이 동시에 일어나지 않을 경우

예 주사위를 1번 던져서 1 또는 4가 나올 확률은?

주사위를 1번 던져서 나올 수 있는 모든 경우의 수 : (1), (2), (3), (4), (5), (6) → 6가지

주사위를 1번 던져서 1이 나올 경우의 수 : (1) → 1가지

주사위를 1번 던져서 4 가 나올 경우의 수 : (4) → 1가지

(1 또는 4 가 나올 확률) = (1이 나올 확률) + (4 가 나올 확률) = $\frac{1}{6} + \frac{1}{6} = \frac{1}{3}$

3. 확률의 곱의 법칙 : 두 사건이 동시에 일어나는 경우

예 빨강주사위 1개, 파랑주사위 1개를 동시에 굴려서 각각 1, 2가 나올 확률은?

빨강주사위 1개를 던져서 나올 수 있는 모든 경우의 수 : (1), (2), (3), (4), (5), (6) → 6가지

빨강주사위 1개를 던져서 1이 나올 경우의 수 : (1) → 1가지

→ 빨강주사위 1개를 던져서 1이 나올 확률 : $\frac{1}{6}$

파랑주사위 1개를 던져서 나올 수 있는 모든 경우의 수 : (1), (2), (3), (4), (5), (6) → 6가지

파랑주사위 1개를 던져서 2가 나올 경우의 수 : (2) → 1가지

→ 파랑주사위 1개를 던져서 2가 나올 확률 : $\frac{1}{6}$

따라서 빨강주사위 1개, 파랑주사위 1개를 굴려서 각각 1, 2가 나올 확률은

$\frac{1}{6} \times \frac{1}{6} = \frac{1}{36}$ 입니다.

① 어떤 사건이 일어날 확률이 0이라는 것은 모든 경우의 수 중 이 사건이 일어나는 경우의 수가 0인 경우를 의미합니다.

예 정상적인 주사위를 던져서 7이 나올 확률은 0입니다.

② 어떤 사건이 일어날 확률이 1이라는 이 사건이 일어나는 경우의 수와 모든 경우의 수가 같은 경우를 의미합니다.

예 주사위를 던져서 1부터 6까지의 자연수가 나올 확률은 1입니다.

③ 따라서 (어떤 사건이 일어나지 않을 확률) = 1 - (어떤 사건이 일어날 확률) 입니다.

현재 이 두 명은 3경기를 마친 상태이고 상황은 다음과 같습니다.

㉠ : 2승 1패 / ㉡ : 1승 2패

남은 2경기에 대한 경우를 나누어보면 다음과 같습니다.

1. 4경기에서 ㉠이 이기는 경우 : ㉠이 먼저 3승을 하였으므로 게임이 종료되고 ㉠이 64원을 모두 가집니다.
2. 4경기에서 ㉠이 지는 경우
   ① 5경기에서 ㉠이 이기는 경우 : ㉠이 먼저 3승을 하였으므로 ㉠이 64원을 모두 가집니다.
   ② 5경기에서 ㉡이 이기는 경우 : ㉡이 먼저 3승을 하였으므로 ㉡이 64원을 모두 가집니다.

둘의 실력이 대등하므로 이기는 확률은 $\frac{1}{2}$ 이고 각 경우에 대한 확률은 다음과 같습니다.

① 4경기에서 ㉠이 이길 확률 : $\frac{1}{2}$

② 4경기에서 ㉠이 지고 5경기에서 ㉠이 이길 확률 : $(1 - \frac{1}{2}) \times \frac{1}{2} = \frac{1}{4}$

③ 4경기에서 ㉠이 지고 5경기에서 ㉡이 이길 확률 : $(1 - \frac{1}{2}) \times \frac{1}{2} = \frac{1}{4}$

㉠이 상금을 모두 가질 확률은 $\frac{1}{2} + \frac{1}{4} = \frac{3}{4}$, ㉡이 상금을 모두 가질 확률은 $\frac{1}{4}$ 이므로 64 원은 3 : 1 로 ㉠과 ㉡에게 나누어서 ㉠은 48원, ㉡은 16원을 가지는 것이 공평하다고 할 수 있습니다.

5 대표문제

1. 경우의 수와 확률

무우와 친구들은 6장의 카드에 각각 장소를 적고 섞은 후 한 장씩 뽑아서 뽑힌 순서대로 관광을 하려 합니다. 4번째에는 하펜시티를 가고 6번째에는 알스터 호수를 갈 확률을 구하세요.

알스터 호수	시청사	성 니콜라이 교회	하펜시티	칠레 하우스	함부르크 미술관

Step 1 무우와 친구들이 6군데의 명소를 갈 경로는 총 몇 가지인지 구하세요.

Step 2 4번째에는 하펜시티, 6번째에는 알스터 호수를 가는 경로는 총 몇 가지인지 구하세요.

Step 3 한 장씩 카드를 뽑아서 뽑힌 순서대로 관광을 할 때, 4번째는 하펜시티, 6번째에는 알스터 호수를 갈 확률을 구하세요.

풀이

Step 1 알스터 호수, 시청사, 성 니콜라이 교회, 하펜시티, 칠레 하우스, 함부르크 미술관 총 6군데의 명소를 한 번씩 가는 경로의 가짓수는 이 6군데의 명소를 일렬로 나열하는 경우의 수와 같습니다.
따라서 총 경우의 수는 $6 \times 5 \times 4 \times 3 \times 2 \times 1 = 720$가지 입니다.

Step 2

1번째	2번째	3번째	하펜시티	5번째	알스터 호수

위의 표와 같이 4번째에는 하펜시티, 6번째에는 알스터 호수를 고정시켜놓은 후 1, 2, 3, 5번째에 남은 시청사, 성 니콜라이 교회, 칠레 하우스, 함부르크 미술관을 나열하는 경우의 수를 생각합니다. 4군데의 명소를 일렬로 나열하는 경우의 수는 $4 \times 3 \times 2 \times 1 = 24$가지 입니다.

Step 3 확률 $= \dfrac{\text{어떤 사건이 일어날 경우의 수}}{\text{모든 경우의 수}}$ 입니다.
모든 경우의 수는 720가지 이고 4번째에는 하펜시티, 6번째에는 알스터 호수를 가는 경우의 수는 24가지 이므로 한 장씩 카드를 뽑아서 경로를 정했을 때, 4번째에 하펜시티를 가고 6번째에 알스터 호수를 갈 확률은 $\dfrac{24}{720} = \dfrac{1}{30}$ 입니다.

정답: 720가지 / 24가지 / $\dfrac{1}{30}$

문제 해결 TIP

n개의 서로 다른 카드를 일렬로 나열하는 경우의 수 : $n \times (n-1) \times (n-2) \times \cdots \times 2 \times 1$

확인하기

6장의 카드에 각각 한군데씩 A, B, C, D, E, F 총 6군데의 명소를 적고 섞은 후 한 장씩 뽑아서 6군데를 모두 돌아보는 경로를 정하려고 할 때, 다음 물음에 답하세요.

① 4번째에 D 또는 E를 갈 확률을 구하세요.

② 1번째에 D를 가고 6번째에 B를 갈 확률을 구하세요.

2. 실생활 속의 확률

숙소가 있는 역과 알스터 호수가 있는 ㉣역 사이에는 ㉠, ㉡, ㉢ 총 3개의 역이 있습니다. 각 역마다 사람들이 몰려서 지하철이 30초 지연될 확률이 $\frac{1}{3}$일 때, 무우와 친구들이 원래 ㉣ 역에 도착하는 예정시간보다 1분 늦게 도착할 확률을 구하세요. (단, 지하철은 한 역에서 정확히 30 초만 지연될 수 있습니다.)

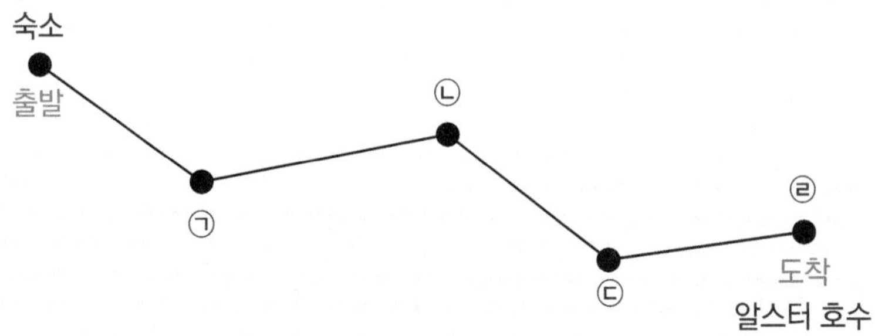

Step 1 지하철이 ㉣역에 원래 예정시간보다 1분 늦게 도착하려면 ㉠, ㉡, ㉢역 중 몇 개의 역에서 지연되어야 하는지 구하고 그 경우의 수를 구하세요.

Step 2 두 개의 역 ㉠, ㉡에서만 지연이 되었을 확률을 구하세요.

Step 3 무우와 친구들이 ㉣역에 원래 예정시간보다 1분 늦게 도착할 확률을 구하세요.

풀이

문제 해결 TIP

- 두 개의 사건이 동시에 일어나는 경우는 곱의 법칙을 사용합니다.
- 두 개의 사건이 동시에 일어나지 않는 경우는 합의 법칙을 사용합니다.
- 어떤 사건이 일어나지 않는 확률 = 1 − 어떤 사건이 일어날 확률

Step 1 1개의 역에서 30초를 정차하므로 원래 도착예정시간보다 1분 늦게 도착하려면 3개의 역 중 2개의 역에서 정차를 한 것이 됩니다. 이는 (㉠, ㉡), (㉡, ㉢), (㉢, ㉠)으로 총 3가지입니다.

Step 2 ㉠, ㉡에서만 지연되었을 경우 ㉢에서는 지연되지 않았고 이는 모두 동시에 일어나는 경우이므로 곱의 법칙에 따라 확률은 $\frac{1}{3} \times \frac{1}{3} \times (1-\frac{1}{3}) = \frac{2}{27}$ 입니다. (지연되지 않을 확률 = 1 − 지연될 확률)

Step 3 ㉠, ㉡ 에서만 지연되었을 확률과 ㉡, ㉢ 에서만 지연되었을 확률, ㉢, ㉠ 에서만 지연되었을 확률은 모두 같습니다. 이들은 모두 동시에 일어나지 않는 경우이므로 무우와 친구들이 원래 예정시간보다 1분 늦게 도착할 확률은 합의 법칙에 의해

$\frac{2}{27} + \frac{2}{27} + \frac{2}{27} = \frac{2}{9}$ 입니다.

정답 : 3가지 / $\frac{2}{27}$ / $\frac{2}{9}$

확인하기 1

대표 문제의 상황과 같을 때, 무우와 친구들이 숙소에서 출발해서 원래의 도착예정시간에 ㉣ 역에 도착할 확률을 구하세요.

확인하기 2

대표 문제의 상황과 같을 때, 무우와 친구들이 숙소에서 출발해서 원래의 도착예정시간보다 30초 또는 1분 30초 늦게 ㉣ 역에 도착할 확률을 구하세요.

5 연습문제

01 무우와 상상이는 주사위를 번갈아서 던져서 짝수가 먼저 나오는 사람이 이기는 게임을 하려고 합니다. 무우부터 주사위를 던지고 둘이 합쳐 주사위를 총 5번 던졌을 때 무우가 이길 확률을 구하세요.

02 무우는 한 개의 동전을 연달아서 10번 던지려 합니다. 10번 중 동전의 앞면이 3번 나올 확률을 구하세요.

03 무우, 상상, 알알, 제이 총 4명이 가위바위보 게임을 할 때, 첫 번째 게임에서 바로 승자와 패자가 정해질 확률을 구하세요.

04 항아리에 검은 공 2개, 파란 공 3개, 빨간 공 2개가 들어있습니다. 이 항아리에서 공 3개를 한 번에 꺼낼 때, 꺼낸 공이 모두 파란 색일 확률을 구하세요. (단, 공의 색은 뽑기 전까지 알 수 없습니다.)

05 도서관의 사서는 a라는 책은 A의 위치, b라는 책은 B의 위치, ··· 와 같이 책을 순서에 맞게 정리를 합니다. 어느 날 책의 순서를 모르는 일을 처음 시작하게 된 사서가 a, b, c 총 세 권의 책을 A, B, C의 위치에 아무렇게나 각각 1권씩 갖다 놓았습니다. 세 권의 책 중 적어도 한 권의 책이 정상적인 위치에 있을 확률을 구하세요.

06 비가 온 날의 다음 날에도 비가 올 확률은 $\frac{1}{4}$ 이고 비가 오지 않은 날의 다음 날에 비가 올 확률은 $\frac{1}{3}$ 입니다. 어느 날 비가 왔다면 3일 후에 비가 올 확률은 얼마인지 구하세요.

07 남자 4명, 여자 3명 총 7명 중 3명을 뽑으려 합니다. 뽑힌 3명 중 남자와 여자가 모두 있을 확률을 구하세요.

08 알알이와 제이가 주사위를 이용해 게임을 하려 합니다. 하나의 주사위를 두 번 던져서 나온 두 눈의 수를 곱했을 때, 짝수면 알알이가 이기고 홀수면 제이가 이깁니다. 알알이가 이길 확률을 구하세요.

09 길이가 1, 2, 3, 4, 5, 6인 선분이 각각 1개씩 총 6개가 있습니다. 이 6개의 선분 중 3개의 선분을 임의로 뽑았을 때, 뽑은 3개의 선분으로 삼각형을 만들 수 있을 확률을 구하세요.

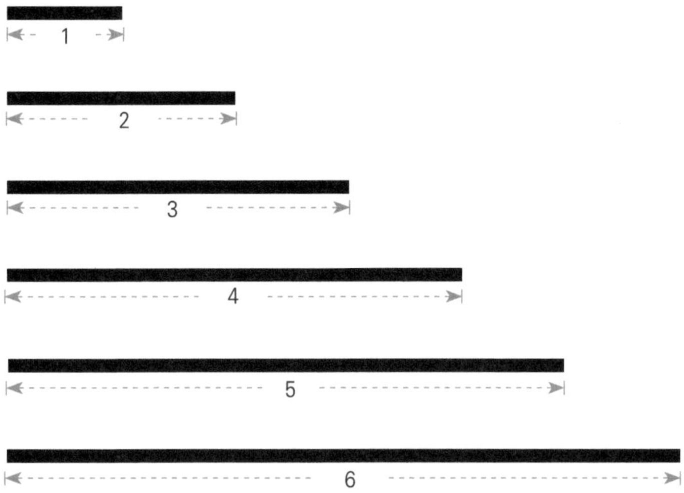

10 원을 3등분해서 만든 다트판이 있습니다. 이 다트판에 5개의 다트를 던져서 나온 점수를 모두 곱했을 때, 1000보다 큰 짝수가 될 확률을 구하세요. (단, 다트는 반드시 경계선을 제외한 다트판에 적중합니다.)

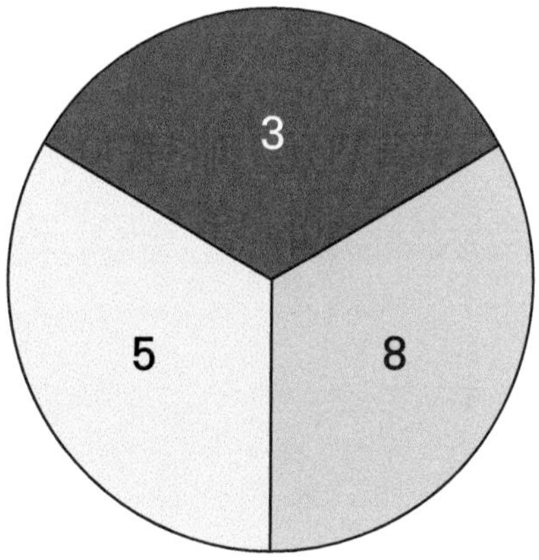

5 심화문제

01 윷놀이는 4개의 윷을 던져서 나온 모양대로 말을 움직이며 노는 한국의 민속놀이입니다. 나온 모양을 부르는 방법은 〈보기〉와 같습니다. 다음 물음에 답하세요.

보기

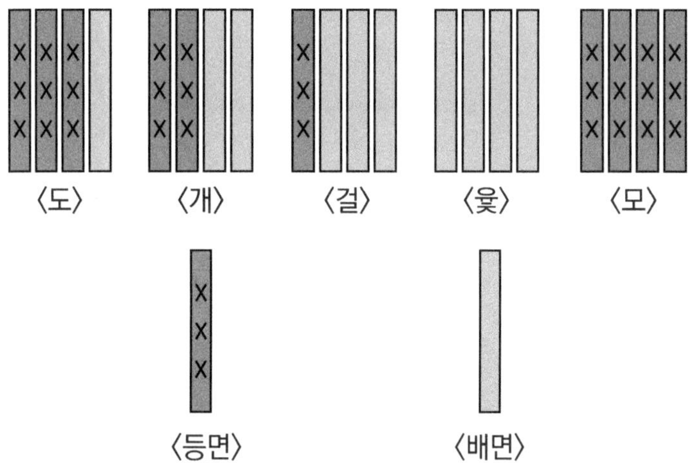

① 하나의 윷을 던졌을 때, 등면이 나올 확률과 배면이 나올 확률이 같을 때, 내 차례에 4개의 윷을 던져서 개 또는 윷이 나올 확률을 구하세요.

② 하나의 윷을 던졌을 때, 등면이 나올 확률이 $\frac{1}{3}$ 이라면 내 차례에 4개의 윷을 던져서 걸이 나올 확률을 구하세요.

정답 및 풀이 P.29

02 서로 다른 세 개의 주사위를 동시에 던졌을 때, 나온 세 개의 수 중 가장 큰 수와 가장 작은 수의 차가 2 또는 5일 확률을 구하세요.

03 무우에게는 주사위 1개와 동전 1개가 있습니다. 이 주사위를 2번 던져서 나온 두 수가 같으면 동전을 2번 연달아 던지고, 나온 두 수가 같지 않으면 동전을 4번 연달아 던집니다. 나온 동전의 앞면의 개수와 뒷면의 개수가 같을 확률을 구하세요.

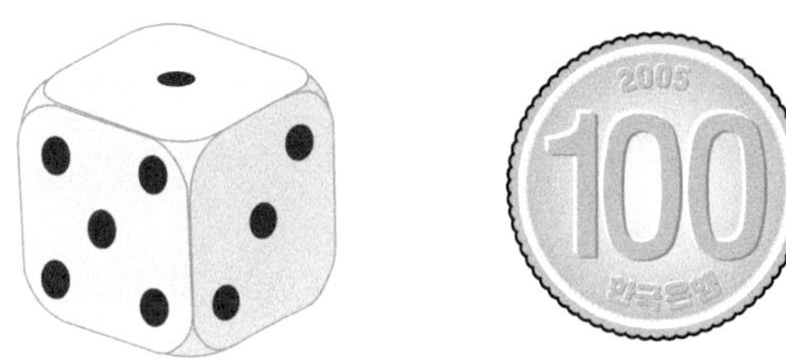

정답 및 풀이 P.30

04 무우는 친구네 집에 놀러가면 5번에 1번 꼴로 가방을 두고 옵니다. 무우가 상상이네 집, 알알이네 집, 제이네 집을 차례대로 놀러갔다가 다시 집에 도착했을 때, 가방을 두고 온 것을 알게 되었습니다. 가방을 상상이네 집에 두고 왔을 확률을 구하세요.

5 창의적문제해결수학

01 한 식당은 4인이 식사한 테이블에 제비뽑기를 할 수 있는 기회를 주는 이벤트를 하고 있습니다. 상자안에는 10개의 제비가 있고 그 중 당첨제비는 4개입니다. 식사를 한 4명은 순서를 정해 1번씩 순서대로 제비를 뽑습니다. 4명 중 당첨제비를 뽑은 사람에게만 선물을 줄 때, 몇 번째로 제비를 뽑는 것이 확률상 가장 유리한지 구하세요. (단, 뽑은 제비는 다시 넣지 않으며 상품의 개수는 충분히 많습니다.)

02
창의융합문제

게임의 <규칙>이 아래와 같을 때, 무우와 친구들이 이 게임에 10 번 참여한다면 결과가 어떻게 될지 확률적으로 계산하세요.

규칙

① 300원을 내면 주사위 눈을 맞출 수 있는 기회가 1회 주어집니다.

② A가 주사위를 1회 던져서 4이하의 눈이 나오면 (나온 눈의 수 × 200) 원을 다시 돌려주고 5 이상의 눈이 나오면 그대로 게임은 끝납니다.

이탈리아에서 다섯째 날 모든 문제 끝!
밀라노로 이동하는 무우와 친구들에게 어떤 일이 일어날까요?

MEMO

영재들의
Math Travel
수학여행

무한상상

창의영재수학

아이앤아이

정답 및 풀이

고급 초6~중등

E 자료와 가능성 독일편

창의력교재 업계 1위

아이앤아이

창·의·력·수·학/과·학

영재학교·과학고	영재교육원·영재성검사	과학대회 준비
아이앤아이 물리학 (상,하)	아이앤아이 영재들의 수학여행 수학 32권 (5단계)	아이앤아이 꾸러미 과학대회 초등 - 각종 대회, 과학 논술/서술
아이앤아이 화학 (상,하)	아이앤아이 꾸러미 48제 모의고사 수학 3권, 과학 3권	아이앤아이 꾸러미 과학대회 중고등 - 각종 대회, 과학 논술/서술
아이앤아이 생명과학 (상,하)	아이앤아이 꾸러미 120제 수학 3권, 과학 3권	
아이앤아이 지구과학 (상,하)	아이앤아이 꾸러미 시리즈 (전4권) 수학, 과학 영재교육원 대비 종합서	
	아이앤아이 초등과학 시리즈 (전4권) 과학 (초 3,4,5,6) - 창의적문제해결력	

무한상상

Imagine Infinite!

창의영재수학

아이앤아이

정답 및 풀이

고급 초등6~중등

E 자료와 가능성

독일편

1. 경우의 수

대표문제1 확인하기 1 .... P. 13

[정답] 840가지

[풀이 과정]

① 먼저 서로 다른 8개의 지도 중 순서 상관없이 3장의 지도를 뽑는 경우의 수는 다음과 같습니다.
(8 × 7 × 6) ÷ (3 × 2 × 1) = 56가지

② 3장의 지도를 뽑고 남은 5개의 지도 중 순서 상관없이 2장의 지도를 뽑는 경우의 수는 다음과 같습니다.
(5 × 4) ÷ (2 × 1) = 10가지

③ 2장의 지도를 뽑고 남은 3개의 지도 중 순서 상관없이 2장의 지도를 뽑는 경우의 수는 다음과 같습니다.
(3 × 2) ÷ (2 × 1) = 3가지
남은 1장의 지도는 자연스럽게 마지막 묶음이 됩니다.

④ 이때, 8장의 지도를 ㉠ ~ ⓞ 이라고 한다면 (㉠, ㉡, ㉢), (㉣, ㉤), (㉥, ㉦), (ⓞ) 의 4묶음으로 나누는 방법과 (㉠, ㉡, ㉢), (㉥, ㉦), (㉣, ㉤), (ⓞ) 의 4묶음으로 나누는 방법은 같은 방법입니다.
따라서 2장씩 뽑는 2개의 묶음을 나열하는 경우의 수인 (2 × 1) 을 나누어주면 총 경우의 수는 다음과 같습니다.
(56 × 10 × 3) ÷ (2 × 1) = 840 (정답)

대표문제2 확인하기 1 .... P. 15

[정답] 67개

[풀이 과정]

① 100 이하의 5의 배수를 모두 나열한 집합을 A 라고 하면 집합 A에 포함된 수는 5, 10, ⋯, 100으로총 20개입니다.
100 이하의 6의 배수를 모두 나열한 집합을 B 라고 하면 집합 B에 포함된 수는 6, 12 , ⋯, 96으로 총 16개입니다.

② 100 이하의 자연수 중 5의 배수도 아니고 6의 배수도 아닌 수의 개수는 100 이하의 자연수의 개수에서 5의 배수이거나 6의 배수인 수들의 개수를 제외해서 구할 수 있습니다.

③ 5의 배수의 집합인 A에 포함된 수의 개수는 20개, 6의 배수의 집합인 B에 포함된 수의 개수는 16개입니다. 이 두 개의 집합에는 공통으로 포함된 30의 배수들이 포함되어 있습니다. 이 수들은 한 번씩만 세어야 하므로 100 이하의 자연수 중 5의 배수이거나 6의 배수인 수의 개수는 다음과 같습니다.
(100 이하의 자연수 중 5의 배수이거나 6의 배수인 수의 개수) = (100 이하의 5의 배수의 개수) + (100 이하의 6의 배수의 개수) - (100 이하의 30의 배수의 개수) = 20 + 16 - 3 = 33개

④ 따라서 포함, 배제의 원리에 따라 100 이하의 자연수 중 5의 배수도 아니고 6의 배수도 아닌 수는 총 100 - 33 = 67개입니다. (정답)

대표문제2 확인하기 2 .... P. 15

[정답] 6가지

[풀이 과정]

① 꺼낸 3개의 공 중 적어도 1개의 공이 빨간색일 경우의 수는 전체 경우의 수에서 꺼낸 3개의 공 중 빨간색 공이 하나도 없는 경우의 수를 빼주면 구할 수 있습니다.

② 빨간색, 노란색, 파란색 공이 각각 3개씩 있는 총 9개의 공 중에서 3개를 꺼낼 경우는 다음과 같습니다.

ⅰ.한 가지 색으로 3개의 공이 나올 경우 : 3가지 (빨, 빨, 빨), (노, 노, 노), (파, 파, 파)

ⅱ.두 가지 색으로 3개의 공이 나올 경우 : 앞에 뽑은 색을 2개 꺼낸다고 하면 3가지 색 중 2가지를 순서를 생각해서 고르는 경우의 수와 같으므로 (3 × 2) = 6가지
(빨, 빨, 노), (빨, 빨, 파), (노, 노, 빨), (노, 노, 파), (파, 파, 빨) (파, 파, 노)

ⅲ.세 가지 색으로 3개의 공이 나올 경우 : 1가지 (빨, 노, 파)
→ 따라서 총 경우의 수는 3 + 6 + 1 = 10가지입니다.

③ 노란색, 파란색의 공이 각각 3개씩 있는 총 6개의 공에서 3개를 꺼낼 경우는 다음과 같습니다.

ⅰ.한 가지 색만 3개의 공이 나올 경우 : 2가지

ⅱ.한 가지 색은 2개, 나머지 한 색은 1개의 공이 나올 경우 : 2가지 를 순서대로 나열하는 경우의 수와 같으므로 (2 × 1) = 2가지
→ 따라서 노란색, 파란색 공으로만 3개의 공이 나올 경우는 총 2 + 2 = 4가지입니다.

④ 따라서 빨간색, 노란색, 파란색 공이 각각 3개씩 총 9개의 공이 있다면 3개의 공을 꺼낼 때 적어도 1개의 공이 빨간색 공일 경우의 수는 (10 - 4) = 6가지입니다. (정답)

⑤ 다른 방법으로는, 3개의 공을 꺼낼 때

ⅰ. 빨간색 공이 1개일 경우 : 3가지
(빨, 노, 파), (빨, 노, 노), (빨, 파, 파)

ⅱ. 빨간색 공이 2개일 경우 : 2가지
(빨, 빨, 노), (빨, 빨, 파)

ⅲ. 빨간색 공이 3개일 경우 : 1가지 (빨, 빨, 빨)

→ 모두 3 + 2 + 1 = 6가지입니다.(정답)

연습문제 01 ········· P. 16

[정답] 6300가지

[풀이 과정]

① 서로 다른 10권의 책 중 순서 상관없이 3 권의 책을 뽑는 경우의 수는 다음과 같습니다.
(10 × 9 × 8) ÷ (3 × 2 × 1) = 120가지

② 3권의 책을 뽑고 남은 7권의 책 중 순서 상관없이 3권의 책을 뽑는 경우의 수는 다음과 같습니다.
(7 × 6 × 5) ÷ (3 × 2 × 1) = 35가지

③ 3권의 책을 뽑고 남은 4권의 책 중 순서 상관없이 2권의 책을 뽑는 경우의 수는 다음과 같습니다.
(4 × 3) ÷ (2 × 1) = 6가지
남은 2권의 책은 자연스럽게 마지막 묶음이 됩니다.

④ 3권씩 뽑힌 2개의 묶음과 2권씩 뽑힌 2개의 묶음은 서로 순서가 바뀌어도 같은 경우가 됩니다. 따라서 2개의 묶음을 나열하는 경우의 수인 (2 × 1)를 2번 나누어 주면 총 경우의 수는 다음과 같습니다.
{(120 × 35 × 6) ÷(2 × 1)} ÷ (2 × 1) = 6300가지 (정답)

연습문제 02 ········· P. 16

[정답] 15가지

[풀이 과정]

① 7개의 사탕을 3개의 묶음으로 나누어 세 명에게 나누어 주는 것은 7개의 사탕을 일렬로 나열하여 3개의 묶음으로 나누고 A는 맨 앞의 묶음, B는 가운데 묶음, C는 마지막 묶음을 가지고 가면 되므로 7개의 사탕을 일렬로 나열하여 3개의 묶음으로 나누는 경우의 수와 같습니다.

② 7개의 사탕을 나열하면 사탕 사이의 간격은 6개가 생기게 됩니다. 이 6개의 간격 중 순서 상관없이 2개를 고르는 경우의 수는 (6 × 5) ÷ (2 × 1) = 15가지입니다.

③ 따라서 7개의 사탕을 3개의 묶음으로 나누어서 A, B, C 세 명에게 나누어 줄때의 경우의 수는 15가지입니다. (정답)

연습문제 03 ········· P. 16

[정답] 42명

[풀이 과정]

① 집합 A를 A 문제를 맞춘 학생, 집합 B를 B 문제를 맞춘 학생들의 모임이라고 합니다.
A, B 두 문제를 모두 틀린 학생이 10명이므로 A 문제 또는 B 문제를 맞춘 학생은 (100 - 10) = 90명입니다.

② A 문제와 B 문제를 모두 맞춘 학생은 집합 A, 집합 B에 모두 포함되어 있으므로 식은 다음과 같습니다.
(A 문제 또는 B 문제를 맞춘 학생 수) = (A 문제를 맞춘 학생 수) + (B 문제를 맞춘 학생 수) - (A 문제와 B 문제를 모두 맞춘 학생 수)
따라서 90 = 60 + 72 - (A 문제와 B 문제를 모두 맞춘 학생 수) 이므로 (A 문제와 B 문제를 모두 맞춘 학생 수)는 42명입니다. (정답)

연습문제 04 ········· P. 17

[정답] 1368가지

[풀이 과정]

① 350000보다 큰 짝수를 만들어야 합니다. 맨앞자리가 3일 경우 일의 자리에는 0, 2, 4, 6이 올 수 있습니다.

ⅰ. 일의 자리가 0, 2, 4인 경우
350000보다 큰 수가 되기 위해선 만의 자리에는 5, 6이 올 수 있습니다. 예를 들어 $\boxed{3}\boxed{5}\boxed{\ }\boxed{\ }\boxed{\ }\boxed{0}$ 라면 가운데 3개의 자리에는 남은 4개의 수가 올 수 있습니다. 따라서 이때의 경우의 수는 4 × 3 × 2 = 24입니다. 만의 자리에는 2가지 경우, 일의 자리에는 3가지 경우가 올 수 있으므로 경우의 수는 24 × 2 × 3 = 144가지입니다.

ⅱ. 일의 자리가 6일 경우
350000보다 큰 수가 되기 위해선 만의 자리에는 5 만 올 수 있습니다. $\boxed{3}\boxed{5}\boxed{\ }\boxed{\ }\boxed{\ }\boxed{6}$ 가운데 3개의 자리에는 남은 4개의 수가 올 수 있으므로 이때의 경우의 수는 4 × 3 × 2 = 24가지입니다.

→ 따라서 맨 앞 자리가 3일 경우 350000보다 큰 짝수는 144 + 24 = 168가지입니다.

② 맨 앞 자리가 4, 6일 경우
일의 자리에는 자신을 제외한 짝수 3가지가 올 수 있습니다. 예를 들어 $\boxed{4}\boxed{\ }\boxed{\ }\boxed{\ }\boxed{\ }\boxed{0}$ 이라면 가운데 4개의 자리에는 남은 5개의 수가 올 수 있습니다. 따라서 이때의 경우의 수는 5 × 4 × 3 × 2 = 120가지입니다. 맨 앞 자리에 올 수있는 경우가 4, 6 두 가지이고 일의 자리에 올 수있는 수는 3가지이므로 총 경우의 수는 120 × 2 × 3 = 720가지입니다.

③ 맨 앞 자리가 5일 경우
일의 자리에는 0, 2, 4, 6 총 4가지의 수가 올 수 있습니다. 예를 들어 $\boxed{5}\boxed{\ }\boxed{\ }\boxed{\ }\boxed{\ }\boxed{0}$ 이라면 가운데 4개의 자리에는 남은 5개의 수가 올 수 있습니다. 따라서 이때의 경우의 수는 5 × 4 × 3 × 2 = 120가지입니다. 일의 자리에 올 수 있는 수는 4가지이므로 총 경우의 수는 120 × 4 = 480가지입니다.

④ 따라서 0 ~ 6까지의 숫자 카드가 한 장씩 있을 때, 만들 수 있는 수 중 350000보다 큰 짝수는 168 + 720 + 480 = 1368가지입니다. (정답)

연습문제 **05** P. 17

[정답] 78624가지

[풀이 과정]

① 4자리의 비밀번호를 만드는 것은 1 ~ 9까지의 수 중 4개의 수를 순서를 생각해서 뽑는 것과 같습니다. 따라서 경우의 수는 9 × 8 × 7 × 6 = 3024가지입니다.

② 5자리의 비밀번호를 만드는 것은 1 ~ 9까지의 수 중 5개의 수를 순서를 생각해서 뽑는 것과 같습니다. 따라서 경우의 수는 9 × 8 × 7 × 6 × 5 = 15120가지입니다.

③ 6자리의 비밀번호를 만드는 것은 1 ~ 9까지의 수 중 6개의 수를 순서를 생각해서 뽑는 것과 같습니다. 따라서 경우의 수는 9 × 8 × 7 × 6 × 5 × 4 = 60480가지입니다.

④ 따라서 만들 수 있는 비밀번호의 개수는 3024 + 15120 + 60480 = 78624가지입니다. (정답)

연습문제 **06** P. 18

[정답] 14가지

[풀이 과정]

① 처음 두 경기를 한 명이 모두 이겨서 게임이 종료되는 경우 : 2가지 (무우, 무우), (상상, 상상)

② 한 명이 3경기를 모두 이기는 경우는 ①에 의해 이미 게임이 종료되므로, 3경기째에 게임이 종료되는 경우는 없습니다.

③ 4경기째에 게임이 종료되는 경우 : 4가지
(무우, 상상, 무우, 무우), (무우, 상상, 상상, 상상), (상상, 무우, 무우, 무우), (상상, 무우, 상상, 상상)

④ 5경기째에 게임이 종료되는 경우 : 8가지
(무우, 상상, 무우, 상상, 무우), (무우, 상상, 상상 ,무우, 무우), (무우, 상상, 상상, 무우, 상상), (무우, 상상, 무우, 상상, 상상), (상상, 무우, 상상, 무우, 상상), (상상, 무우, 무우, 상상, 상상), (상상, 무우, 무우, 상상, 무우), (상상, 무우, 상상, 무우, 무우)

⑤ 따라서 경기가 종료될 때까지 두 사람이 두는 경기의 경우의 수는 2 + 4 + 8 = 14가지입니다. (정답)

연습문제 **07** P. 18

[정답] 560가지

[풀이 과정]

① 빨간색 공 2개, 검은색 공 3개, 보라색 공 3개 총 8개의 공을 일렬로 나열할 때, 같은 색의 공끼리는 바뀌더라도 같은 색의 배열이 나오기 때문에 전체 배열하는 경우의 수를 같은 색의 공끼리 배열하는 경우의 수로 나누어 주도록 합니다.

② 8개의 공을 배열하는 방법은 8 × 7 × 6 × 5 × 4 × 3 × 2 × 1 = 40320가지입니다.

③ 2개의 빨간색 공을 배열하는 방법은 (2 × 1) = 2가지,
3개의 검은색 공을 배열하는 방법은
(3 × 2 × 1) = 6가지,
3개의 보라색 공을 배열하는 방법은
(3 × 2 × 1) = 6가지입니다.

④ 따라서 나올 수 있는 색의 배열의 경우의 수는
40320 ÷ (2 × 6 × 6) = 560가지입니다. (정답)

연습문제 **08** P. 18

[정답] 205가지

[풀이 과정]

① 남학생 5명, 여학생 5명 총 10명의 학생 중 4명을 뽑을 때, 적어도 여학생이 1명 이상 뽑히는 경우의 수는 전체 경우의 수에서 여학생이 1명도 뽑히지 않는 경우의 수를 빼주면 구할 수 있습니다.

② 10명의 학생 중 순서를 생각하지 않고 4명을 뽑는 전체 경우의 수는 다음과 같습니다.
(10 × 9 × 8 × 7) ÷ (4 × 3 × 2 × 1) = 210가지

③ 남학생 5명 중 4명을 뽑는(여학생이 1명도 뽑히지 않는) 경우의 수는 다음과 같습니다.
(5 × 4 × 3 × 2) ÷ (4 × 3 × 2 × 1) = 5가지

④ 따라서 남학생 5명, 여학생 5명 총 10명의 학생 중 4명을 뽑을 때, 적어도 여학생이 1명 이상 뽑히는 경우의 수는
(210 − 5) = 205가지입니다. (정답)

연습문제 09 ········ P. 19

[정답] 106개

[풀이 과정]

① 400보다 작은 자연수 중 2와 3과 5 모두로 나누어 떨어지지 않는 수의 개수는 다음과 같습니다.
400 - (2 또는 3 또는 5로 나누어 떨어지는 수의 개수)

② 각 집합을 다음과 같이 정의합니다.
집합 A = 400 이하의 자연수 중 2로 나누어 떨어지는 수
집합 B = 400 이하의 자연수 중 3으로 나누어 떨어지는 수
집합 C = 400 이하의 자연수 중 5로 나누어 떨어지는 수
그림으로 나타내면 다음과 같습니다.

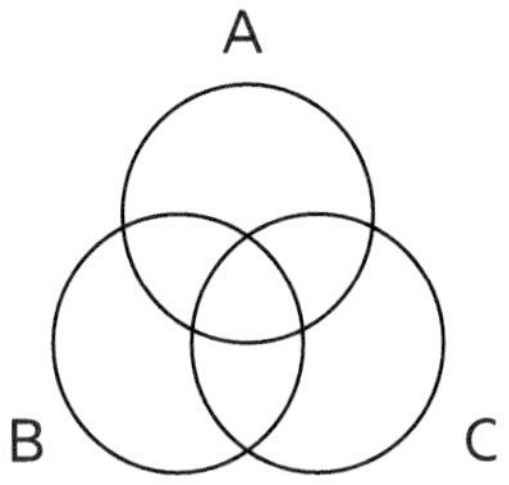

(2 또는 3 또는 5로 나누어 떨어지는 수) = $(A \cup B \cup C)$ 입니다.
$(A \cup B \cup C) = A + B + C - (A \cap B) - (B \cap C) - (C \cap A) + (A \cap B \cap C)$입니다.

③ A에 속해 있는 수의 개수
= (400 이하의 수 중 2의 배수의 개수) = 200개
B에 속해 있는 수의 개수
= (400 이하의 수 중 3의 배수의 개수) = 133개
C에 속해 있는 수의 개수
= (400 이하의 수 중 5의 배수의 개수) = 80개
$A \cap B$에 속해 있는 수의 개수
= (400 이하의 수 중 2와 3의 최소공배수의 배수의 개수) = 66개
$B \cap C$에 속해 있는 수의 개수
= (400 이하의 수 중 3과 5의 최소공배수의 배수의 개수) = 26개
$C \cap A$에 속해 있는 수의 개수
= (400 이하의 수 중 2와 5의 최소공배수의 배수의 개수) = 40개
$A \cap B \cap C$에 속해 있는 수의 개수 = (400 이하의 수 중 2와 3과 5의 최소공배수의 배수의 개수) = 13개

④ $A \cup B \cup C$에 속해 있는 수의 개수 = (200 + 133 + 80) - (66 + 26 + 40) + 13 = 294개입니다.

⑤ 따라서 400보다 작은 자연수 중 2와 3과 5 모두로 나누어 떨어지지 않는 수의 개수는 400 - 294 = 106개입니다. (정답)

연습문제 10 ········ P. 19

[정답] 76명

[풀이 과정]

① 서예반을 선택한 학생들의 모임을 집합 A, 배드민턴반을 선택한 학생들의 모임을 집합 B 라고 합니다. 총 학생 수는 250명이고 2가지 반 모두 선택하지 않은 학생이 63명이므로 $A \cup B$에 속해 있는 학생수는 250 - 63 = 187명입니다.

② 또한 2가지 반 모두 선택한 학생이 45명이었으므로 $A \cap B$에 속해 있는 학생은 45명입니다.
서예반만 신청한 학생은 배드민턴반만 신청한 학생보다 80명이 많았으므로 배드민턴반만 신청한 학생 수를 a 라고 한다면 서예반만 신청한 학생 수는 (a + 80)입니다.
이를 그림으로 나타내면 다음과 같습니다.

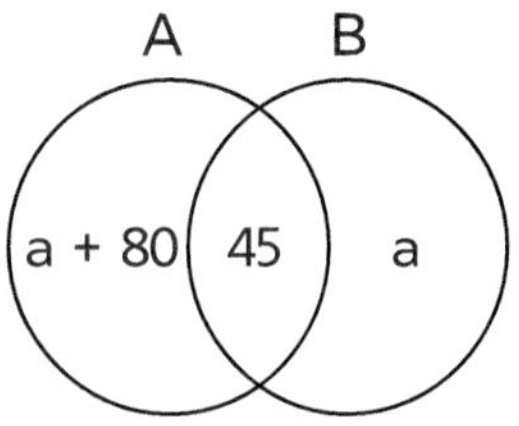

③ $A \cup B$에 속해 있는 학생 수가 187명이므로 식은 다음과 같습니다.
$(a + 80) + 45 + a = 187 \rightarrow a = 31$

④ 따라서 배드민턴반을 신청한 학생은 (31 + 45) = 76명입니다. (정답)

심화문제 01 ········ P. 20

[정답] 66660

[풀이 과정]

① 1 ~ 4까지의 수를 한 번씩만 사용해서 네 자리 수를 만들면 첫번째 자릿수 4개 중 1개, 두번째 자릿수 나머지 3개 중 1개, 세번째 자릿수 나머지 2개 중 1개가 들어갈 수 있으므로 $(4 \times 3 \times 2)$ 총 24개의 수가 나타나게 됩니다.
1 ~ 4까지의 수는 아래와 같은 이유로 각 자리에서 6번씩 나오게 됩니다.
천의 자리 수가 1일 경우 (예) : 남은 세 개의 자리에 3개의 수가 들어갈 수 있으므로 $(3 \times 2 \times 1)$가지

② 각 자리에는 1 ~ 4까지의 수가 각각 6번씩 나오게 되므로 만들 수 있는 모든 수의 각 자리 수의 합은 다음과 같습니다.
$(1 + 2 + 3 + 4) \times 6$

③ 따라서 1 ~ 4까지의 수를 한 번씩만 사용해서 만든 네 자리 수를 모두 합한 값은 다음과 같습니다.
$\{(1 + 2 + 3 + 4) \times 6 \times 1000\} + \{(1 + 2 + 3 + 4) \times 6 \times 100\} + \{(1 + 2 + 3 + 4) \times 6 \times 10\} + \{(1 + 2 + 3 + 4) \times 6 \times 1\} = 66660$ (정답)

심화문제 02 .... P. 20

[정답] 35가지

[풀이 과정]

① 1 ~ 9까지의 자연수 중 3장의 카드를 뽑고 가장 작은 수부터 나열한 수를 (A, B, C) 라고 합니다.
이때, B에서는 1을 더하고 C에서는 2를 더하면 세 수는 반드시 연속하지 않는 수가 됩니다.
(1, 2, 3) 을 뽑았을 경우 → (1, 2 + 1, 3 + 2) = (1, 3, 5)
(1, 2, 3) 을 뽑았다면 (1, 3, 5)를 뽑은 것으로 생각합니다.

② 따라서 1 ~ 9까지의 자연수 중 3장의 카드를 뽑았을 때 어느 두 수도 연속하지 않는 경우의 수는 1 ~ 7까지의 자연수 중 아무 조건없이 3장의 카드를 뽑는 경우의 수와 같습니다.(9 는 7 + 2이기 때문에)

③ 7개의 수 중 순서 상관없이 3개의 수를 뽑는 경우의 수는 (7 × 6 × 5) ÷ (3 × 2 × 1) = 35가지입니다.

④ 따라서 1 ~ 9까지의 숫자 카드 중 3장의 카드를 뽑을 때, 뽑힌 카드 중 어느 두 수도 연속하지 않는 경우의 수는 35가지입니다. (정답)

심화문제 03 .... P. 21

[정답] 3003개

[풀이 과정]

① A 지점에서 B 지점까지 변을 따라 최단거리로 가기 위해서는 위쪽 또는 오른쪽으로만 진행해야 합니다.
A 지점에서 출발해서 B 지점까지 도착하기 위해서는 위쪽으로 6번, 오른쪽으로 8번을 가야 합니다.

② 위쪽으로 가는 시행을 ↑, 오른쪽으로 가는 시행을 → 이라고 표현하면 A에서 B 까지 가는 최단 경로의 가지 수는 (↑ × 6, → × 8) 총 14개를 순서대로 배열하는 가지수와 같습니다.

③ 14개를 순서대로 배열하는 가지수는 (14 × 13 × 12 × 11 × ⋯ × 3 × 2 × 1)가지입니다.
↑ 끼리 순서를 바꾸는 것과 → 끼리 순서를 바꿀 때는 경로가 변하지 않기 때문에 각각을 배열하는 가지수를 나누어 주어야 합니다.

④ ↑ 6개를 배열하는 가지 수는 (6 × 5 × 4 × 3 × 2 × 1)가지입니다.
→ 8개를 배열하는 가지 수는 (8 × 7 × 6 × 5 × 4 × 3 × 2 × 1)가지입니다.

⑤ 따라서 A 지점에서 B 지점으로 변을 따라 가는 최단거리의 경로의 개수는 다음과 같습니다.
{(14 × 13 × 12 × 11 × ⋯ × 3 × 2 × 1) ÷ (8 × 7 × 6 × 5 × 4 × 3 × 2 × 1)} ÷ (6 × 5 × 4 × 3 × 2 × 1) = 3003개 (정답)

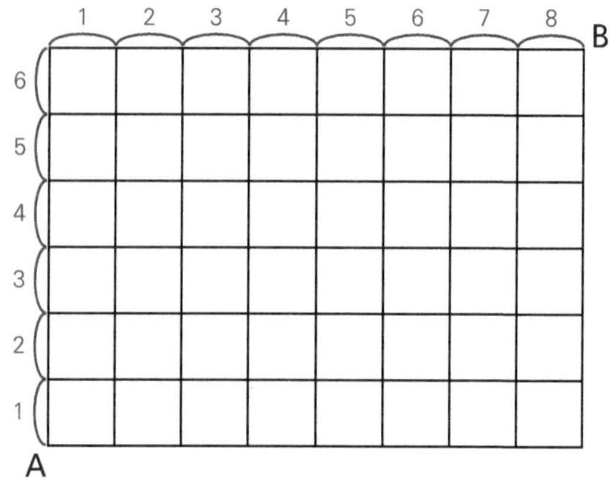

심화문제 04 .... P. 21

[정답] 16가지

[풀이 과정]

① 흰 공이 들어있지 않은 주머니가 적어도 1개 있어야 하므로 흰 공을 나누는 방법은 다음과 같습니다.
(0, 1, 4), (0, 2, 3), (0, 0, 5)

② 검은 공은 3개의 주머니에 모두 들어있어야 하므로 검은 공을 나누는 방법은 다음과 같습니다.
(1, 1, 3), (1, 2, 2)

③ 흰 공을 (0, 1, 4), 검은 공을 (1, 1, 3)으로 나누고 크기와 모양이 같은 3개의 주머니에 담는 방법은 총 3가지입니다.

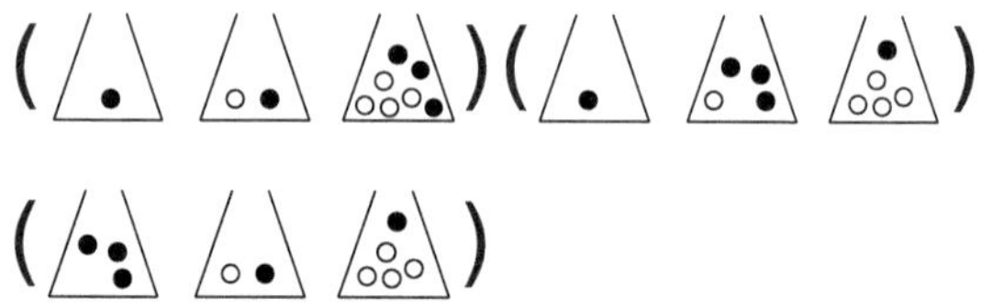

마찬가지로 흰 공을 (0, 1, 4), 검은 공을 (1, 2, 2) 로 나누고 크기와 모양이 같은 3개의 주머니에 담는 방법도 총 3가지입니다.

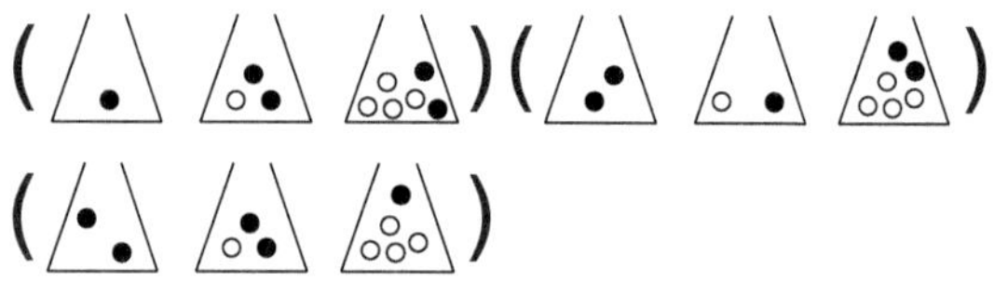

④ 흰 공을 (0, 2, 3), 검은 공을 (1, 1, 3)으로 나누고 크기와 모양이 같은 3개의 주머니에 담는 방법은 총 3가지입니다.

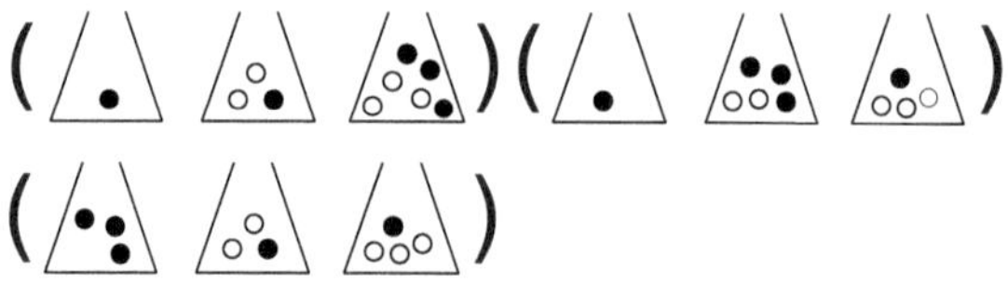

마찬가지로 흰 공을 (0, 2, 3), 검은 공을 (1, 2, 2) 로 나누고 크기와 모양이 같은 3개의 주머니에 담는 방법도 총 3가지입니다.

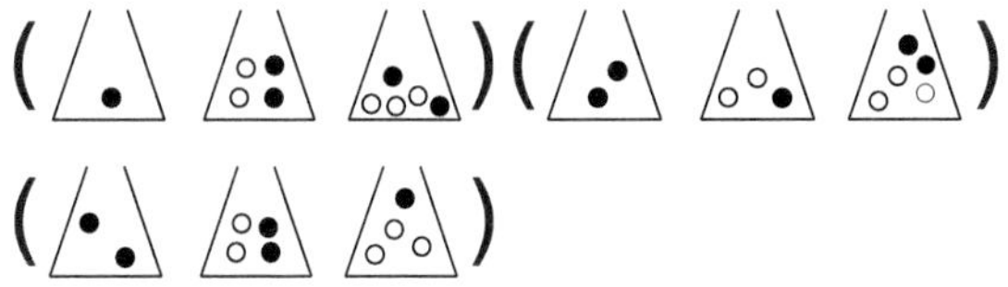

⑤ 흰 공을 (0, 0, 5), 검은 공을 (1, 1, 3)으로 나누고 크기와 모양이 같은 3개의 주머니에 담는 방법은 총 2가지입니다.

마찬가지로 흰 공을 (0, 0, 5), 검은 공을 (1, 2, 2) 로 나누고 크기와 모양이 같은 3개의 주머니에 담는 방법도 총 2가지입니다.

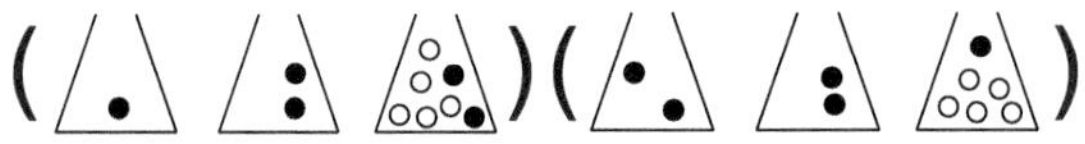

⑥ 따라서 흰 공 5개, 검은 공 5개를 크기와 모양이 같은 3개의 주머니에 나누어 담을 때, 흰 공이 들어있지 않은 주머니가 적어도 1개 있고, 3개의 주머니 모두에 검은 공이 반드시 들어있는 경우의 수는 (3 + 3 + 3 + 3 + 2 + 2) = 16가지입니다. (정답)

창의적문제해결수학 01 .... P. 22

[정답] 8문제

[풀이 과정]

① 전체 문제 수를 n개라고 놓으면 무우가 틀린 문제 수는 $(n \times \frac{1}{4})$개, 무우와 상상이가 둘 다 틀린 문제 수는 $(n \times \frac{1}{6})$개입니다.

② 무우가 틀린 문제들의 집합을 A, 상상이가 틀린 문제들의 집합을 B라고 합니다. 무우가 틀린 문제 수가 $(n \times \frac{1}{4})$개, 상상이가 틀린 문제 수는 3개이고 무우와 상상이가 둘 다 틀린 문제 수가 $(n \times \frac{1}{6})$개 이므로 무우만 틀린 문제 수는 $\{(n \times \frac{1}{4}) - (n \times \frac{1}{6})\} = (n \times \frac{1}{12})$개, 상상이만 틀린 문제 수는 $3 - (n \times \frac{1}{6})$개입니다. 이를 그림으로 나타내면 아래의 그림과 같습니다.

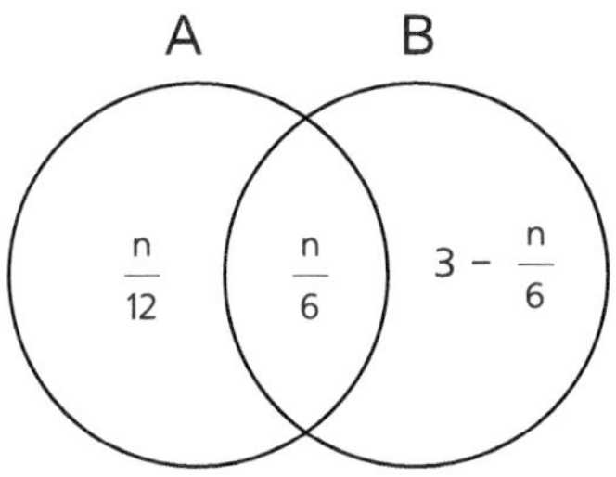

③ $\frac{n}{12}$ 은 자연수이므로 n 은 12의 배수입니다.

또한 $(3 - \frac{n}{6})$ 은 0보다 커야하므로 n 은 18보다 작아야 합니다. 따라서 18보다 작은 12의 배수는 12 뿐이므로 n = 12입니다.

④ 따라서 총 문제 수는 12문제, 무우만 틀린 문제 수는 1문제, 상상이만 틀린 문제 수는 1문제, 무우와 상상이가 둘 다 틀린 문제가 2문제이므로, 무우와 상상이가 둘 다 맞은 문제 수는 8문제입니다. (정답)

창의적문제해결수학 02 .... P. 23

[정답] 117가지

[풀이 과정]

① 4명에서 가위바위보 게임을 할때 첫 번째 게임이 비기는 경우는 다음과 같습니다.

ⓐ 무우가 가위를 낼 때

ⅰ. 나머지 세 명이 가위, 바위, 보를 내는 경우 : 서로 다른 3개를 순서대로 배열하는 경우이므로

→ (3 × 2) = 6가지

ⅱ. 나머지 세 명이 바위, 바위, 보를 내는 경우 : 2개는 같고 하나는 다른 3개를 순서대로 배열하는 경우이므로

→ (3 × 2) ÷ (2 × 1) = 3가지

ⅲ. 나머지 세 명이 바위, 보, 보를 내는 경우 : ⅱ. 와 마찬가지의 이유로 3가지

ⅳ. 나머지 세 명이 가위, 가위, 가위를 내는 경우 : 1가지

→ 따라서 비기는 경우는 (6 + 3 + 3 + 1) = 13가지입니다.

ⓑ 무우가 바위를 낼 때와 보를 낼 때도 위와 같은 이유로 각각 13가지입니다. 따라서 첫 번째 게임이 비기는 경우는 (13 × 3) = 39가지입니다.

② 두 번째 판에서 무우만 이길 경우는 다음과 같습니다.

ⅰ. 무우가 가위를 낼 때

→ 나머지 세 명이 모두 보를 내야 하므로 1가지입니다.

ⅱ. 무우가 바위를 낼 때와 보를 낼 때

→ 위와 같은 이유로 각각 1가지입니다.
따라서 두 번째 게임에서 무우만 이길 경우의 수는 총 (1 × 3) = 3가지입니다.

③ 따라서 네 명에서 가위바위보 게임을 할때 첫 번째 게임은 비기고 두 번째 게임에서 무우만 이길 경우의 수는 총 (39 × 3) = 117가지입니다. (정답)

2. 비둘기집 원리

대표문제 1 확인하기 1 .... P. 29

[정답] 풀이 과정 참조

[풀이 과정]

① 만약 1 ~ 31까지의 자연수 중 임의로 5개의 수를 뽑는다면 1, 3, 7, 15, 31과 같이 뽑을 경우, 앞의 수를 2배 했을 때 뒤의 수보다 커지는 경우가 없게 뽑을 수가 있습니다.

② 이 수들을 이용해서 문제를 해결하는 방법은 다음과 같습니다.
(1), (2, 3), (4, 5, 6, 7), (8, 9, 10, …, 15), (16, 17, 18, …, 30, 31) 과 같이 5개의 서랍을 만들면 총 6개의 수를 뽑을 때, 비둘기집의 원리에 따라 적어도 2개의 수는 같은 서랍에서 뽑히게 됩니다.
같은 서랍에서 뽑힌 두 개의 수는 작은 수를 2배하면 항상 큰 수보다 커지게 됩니다.

③ 따라서 1 부터 31까지의 자연수 중 임의로 6개의 수를 뽑아서 순서대로 나열할 경우 앞의 수를 2배하면 뒤의 수보다 커지게 되는 경우가 반드시 존재하게 됩니다.

대표문제 1 확인하기 2 .... P. 29

[정답] 풀이 과정 참조

[풀이 과정]

① 10 ~ 20까지의 자연수 중 2개의 수를 더했을 때 합이 29가 되는 경우는 다음과 같습니다.
(10, 19), (11, 18), (12, 17), (13, 16), (14, 15) → 5가지
이는 곧 서랍이 됩니다.

② 10 ~ 20까지의 자연수 중 7개의 수를 선택할때 합이 29가 안나오도록 가장 나쁜 상황을 생각해서 뽑아야 합니다. 먼저 숫자 20을 뽑은 후 10 ~ 19까지의 수 중 6개의 수를 뽑아야 합니다.
5개의 서랍에서 6개의 수를 뽑아야 하므로 적어도 2개의 수는 같은 서랍에서 뽑히게 됩니다.
같은 서랍에서 뽑힌 2개의 수의 합은 항상 29가 됩니다.

③ 따라서 10 에서 20까지의 자연수 중 임의로 7개의 수를 선택하면 그 중 합이 29인 두 개의 수가 반드시 존재하게 됩니다.

대표문제 2 확인하기 .... P. 31

[정답] 풀이 과정 참조

[풀이 과정]

① 파티에 50명의 사람이 참석을 하면 각 사람이 악수할 수 있는 횟수는 0, 1, …, 49회(자기 자신 제외) 로 총 50가지입니다. 현재까지는 비둘기집의 원리를 사용할 수 없습니다.

② 만약 악수를 한 횟수가 0회인 사람이 있으면 가장 악수를 많이할 수 있는 횟수는 48회가 됩니다.
따라서 이 경우 악수할 수 있는 횟수는 0, 1, …, 48회로 총 49가지입니다. 따라서 사람은 50명, 악수할 수 있는 횟수는 49가지이므로 비둘기집의 원리에 따라 적어도 2명은 악수한 횟수가 같습니다.

③ 만약 악수를 한 횟수가 49회인 사람이 있으면 이 사람은 모두와 악수를 한 것이므로 악수를 하지 않은 사람은 없습니다. 따라서 이 경우 악수할 수 있는 횟수는 1, 2, …, 49회로 총 49가지입니다. 따라서 사람은 50명, 악수할 수 있는 횟수는 49가지이므로 비둘기집의 원리에 따라 적어도 2명은 악수한 횟수가 같습니다.

연습문제 01 .... P. 32

[정답] 풀이 과정 참조

[풀이 과정]

① 모든 자연수는 10으로 나누었을 때, 나머지가 0, 1, 2, …, 9로 총 10가지가 나오게 됩니다.

② 따라서 자연수 중 임의로 11개의 수를 뽑으면 비둘기집의 원리에 따라 적어도 2개의 수는 10으로 나누었을 때, 나머지가 같게 됩니다.

③ 10으로 나누었을 때 나머지가 같은 2개의 수를 각각 $(10 \times m) + k$, $(10 \times n) + k$ 라고 하면 이 2개의 수의 차는 $\{(10 \times m) + k\} - \{(10 \times n) + k\} = 10 \times (m - n)$ 으로 10의 배수가 됩니다.

연습문제 02 .... P. 32

[정답] 풀이 과정 참조

[풀이 과정]

① <표>와 같이 모든 홀수에 대해서 해당 홀수에 2씩 곱한 100 이하의 수를 모두 모아 하나의 서랍을 만들면 모두 50개의 서랍이 생깁니다. 이 50개의 서랍을 이용해서 가장 나쁜 상황을 생각해보도록 합니다.

1, 2, 4, 8, 16, 32, 64
3, 6, 12, 24, 48, 96
5, 10, 20, 40, 80
7, 14, 28, 56
⋮
51
53
⋮
99

② 1에서 100까지의 자연수 중 임의로 51개의 뽑을 때, 가장 나쁜 상황을 만들기 위해 먼저 서랍 안의 수가 1개인 서랍에서 수를 모두 뽑으면 51, 53, …, 97, 99 총 25개의 수가 뽑힙니다.

③ 남은 25개의 서랍에서 나머지 26개의 수를 뽑으면 비둘기집의 원리에 따라 적어도 2개의 수는 같은 서랍에서 뽑히게 됩니다. 같은 서랍에서 뽑힌 2개의 수는 서로 배수관계인 수입니다.

④ 따라서 1에서 100까지의 자연수 중 임의로 51개의 자연수를 뽑으면 반드시 서로 배수관계인 두 수가 존재하게 됩니다.

연습문제 **03** P. 32

[정답] 풀이 과정 참조

[풀이 과정]

① 10명의 선수가 리그전을 할 때, 각 선수가 시합할 수 있는 횟수는 0, 1, …, 9회로 총 10가지가 가능합니다.

② 만약 한 경기도 하지 않은 선수가 있다면, 10명의 선수가 시합한 횟수는 0, 1, …, 8회로 총 9가지입니다. 따라서 비둘기집의 원리에 따라 적어도 두 명의 선수는 같은 횟수의 경기를 치뤘습니다.

③ 만약 9 경기를 한 선수가 있다면, 이 선수는 나머지 모든 선수와 경기를 한 것입니다. 따라서 10명의 선수가 시합한 횟수는 1, 2, …, 9회로 총 9가지입니다. 따라서 비둘기집의 원리에 따라 적어도 두 명의 선수는 같은 횟수의 경기를 치뤘습니다.

④ 따라서 10명의 선수가 리그전을 하면 어떤 시각에라도 치른 경기 수가 같은 선수가 2명 있게 됩니다.

연습문제 **04** P. 33

[정답] 30

[풀이 과정]

① 아래 그림과 같이 한 변의 길이가 2인 정사각형을 4등분하면 각각의 작은 정사각형은 한 변의 길이가 1인 정사각형이 됩니다.

② 12보다 큰 갯수의 점을 4개의 작은 사각형에 찍으면 비둘기집의 원리에 따라 적어도 1개의 작은 사각형에는 4개 이상의 점이 찍히게 됩니다.

③ 작은 정사각형은 한 변의 길이가 1이므로 넓이가 1입니다. 따라서 한 작은 정사각형의 내부에 찍인 4개의 점을 이어서 사각형을 만들면 이 새롭게 만들어진 정사각형의 넓이는 1보다 작게 됩니다.

④ 따라서 한 변의 길이가 2인 정사각형의 내부에 13개의 점을 찍으면 그 중 4개의 점으로 사각형을 만들 때, 넓이가 1 이하인 사각형이 반드시 생기게 됩니다.

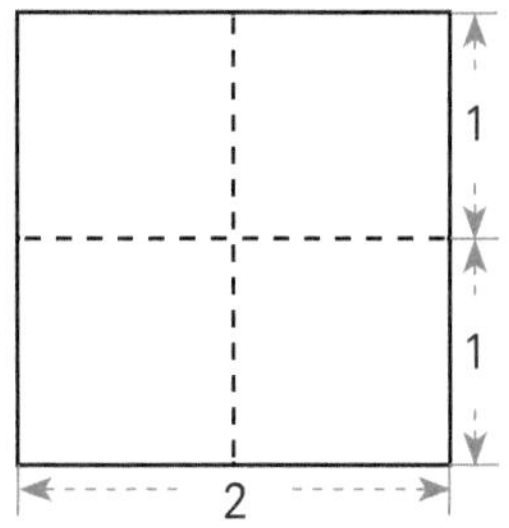

연습문제 **05** P. 33

[정답] 풀이 과정 참조

[풀이 과정]

① 1 부터 50까지의 자연수를 모두 합한 값은 다음과 같습니다.
(1 + 50) × 25 = 1275

② 1 부터 50까지의 자연수를 5개씩 묶어서 10개의 묶음으로 만들고 가장 나쁜 상황을 생각하면 각 묶음에 있는 5개의 수의 합이 모두 127인 것입니다.

③ 각 묶음에 있는 5개의 수의 합이 모두 127이라면 10개의 묶음에 있는 수의 총 합은 127 × 10입니다.
이는 1 부터 50까지의 자연수의 합보다 작습니다. 따라서 비둘기집의 원리에 따라 10개의 묶음 중 적어도 한 개의 묶음에 있는 5개의 수의 합은 반드시 128 이상입니다.

연습문제 06 ··· P. 34

[정답] 풀이 과정 참조

[풀이 과정]

① 모든 자연수는 3으로 나누었을 때 나머지가 0, 1, 2 중 하나입니다. 자연수 중 임의로 5개의 수를 뽑을 때 아래와 같이 경우를 나누어서 생각해보도록 합니다.

ⅰ. 5개의 수를 3으로 나누었을 때, 나머지가 0, 1, 2인 수가 모두 있을 때

→ 나머지가 0, 1, 2인 수를 각 1개씩 선택해서 합하면 이 세 개의 수의 합은 3의 배수입니다.

ⅱ. 5개의 수를 3으로 나누었을 때, 나머지가 0, 1, 2 중 2가지만 나올 때

→ 5개의 수를 3으로 나누었을 때, 나머지가 0, 1, 2 중 2가지만 나온다면 비둘기집의 원리에 따라 2가지 중 1가지에 3개의 수가 해당됩니다. 아래와 같은 이유로 나머지가 같은 3개의 수를 합하면 이 세 개의 수의 합은 3의 배수입니다.

$0 \times 3 = 0,\ 1 \times 3 = 3,\ 2 \times 3 = 6$

→ 0, 3, 6 은 모두 3의 배수이므로

ⅲ. 5개의 수를 3으로 나누었을 때, 나머지가 0, 1, 2 중 1가지만 나올 때

→ ⅱ.와 같은 이유로 나머지가 같은 3개의 수를 합하면 이 세 개의 수의 합은 3의 배수입니다.

② 따라서 자연수 중 임의로 5개의 수를 뽑으면 그 중 합이 3의 배수가 되는 3개의 수가 반드시 있게 됩니다.

연습문제 07 ··· P. 34

[정답] 풀이 과정 참조

[풀이 과정]

① 30 이하의 짝수 중 합이 34가 되는 두 수의 쌍은 다음과 같이 7가지입니다.

(4, 30), (6, 28), (8, 26), (10, 24), (12, 22), (14, 20), (16, 18)

이 순서쌍은 7개의 서랍이 되고 숫자 2가 남습니다.

② 따라서 가장 나쁜 상황으로 뽑기 위해 2를 먼저 뽑고 남은 8개의 수를 뽑는다고 생각하면 7개의 서랍에서 뽑는 것이므로 비둘기집의 원리에 따라 2개의 수는 같은 서랍에서 뽑힌 수가 됩니다. 같은 서랍에서 뽑힌 2개의 수의 합은 34입니다.

③ 따라서 30보다 작은 짝수 중 임의로 9개의 수를 뽑으면 이 중 합이 34가 되는 두 수가 반드시 있게 됩니다.

연습문제 08 ··· P. 34

[정답] 풀이 과정 참조

[풀이 과정]

① 0과 1 사이를 아래와 같이 1000개의 서랍이 되도록 범위를 나누어 봅니다.

$\frac{0}{1000} < X_1 < \frac{1}{1000}$

$\frac{1}{1000} \le X_2 < \frac{2}{1000}, \cdots, \frac{999}{1000} \le X_{1000} < \frac{1000}{1000}$

② 1001개의 분수가 있으므로 적어도 하나의 범위에는 2개 이상의 분수가 포함되게 됩니다. 같은 범위 내에 포함된 두 분수의 차는 반드시 $\frac{1}{1000}$보다 작아지게 됩니다.

③ 따라서 0보다 크고 1보다 작은 범위에 임의의 분수가 1001개 있다면 이 중 차가 $\frac{1}{1000}$보다 작은 두 분수가 반드시 존재하게 됩니다.

연습문제 09 ··· P. 35

[정답] 풀이 과정 참조

[풀이 과정]

① 아래의 그림과 같이 한 변의 길이가 3인 정삼각형을 9등분하면 만들어지는 작은 정삼각형은 한 변의 길이가 1인 정삼각형이 됩니다.

② 이와 같이 정삼각형의 내부를 9등분하고 10개의 점을 찍으면 비둘기집의 원리에 따라 적어도 하나의 작은 정삼각형의 내부에는 2개 이상의 점이 찍히게 됩니다.
작은 정삼각형의 한 변의 길이는 1이므로 한 작은 정삼각형의 내부에 찍힌 2 점 사이의 거리는 1보다 작습니다.

③ 따라서 한 변의 길이가 3인 정삼각형의 내부에 10개의 점을 찍으면 점 사이의 거리가 1보다 작은 2개의 점이 반드시 있게 됩니다.

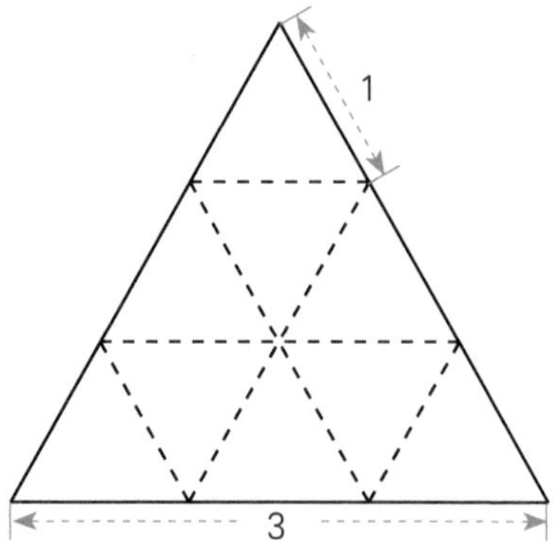

연습문제 10 ········· P. 35

[정답] 풀이 과정 참조

[풀이 과정]

① 무우의 반에서 1등, 2등을 한 학생은 전교에서 무우보다 등수가 높은 53명에 포함됩니다. 이 2명을 제외하면 무우와 다른 10개의 반에서 무우보다 전교 등수가 높은 학생은 51명입니다.

② 가장 나쁜 상황으로 생각을 할 때, 무우와 다른 10개의 반에서 반 등수가 5등 이상인 학생들이 모두 무우보다 전교 등수가 높다고 하더라도 51명보다 적어지게 됩니다.

③ 따라서 비둘기집의 원리에 따라 무우보다 전교 등수가 높은 53명의 학생 중 반 등수는 6등인 학생이 반드시 1명 이상 있습니다.

심화문제 01 ········· P. 36

[정답] 풀이 과정 참조

[풀이 과정]

① 오른쪽 그림과 같이 수를 채우고 인접한 세 수의 합을 나열하면 다음과 같습니다.
$(X_1 + X_2 + X_3)$, $(X_2 + X_3 + X_4)$, $(X_3 + X_4 + X_5)$, $\cdots$, $(X_{11} + X_{12} + X_1)$, $(X_{12} + X_1 + X_2)$ → 12가지
이들을 모두 합하면 다음과 같습니다.
$3 \times (X_1 + X_2 + \cdots + X_{12})$

② X_1에서 X_{12} 에는 1 부터 12까지의 자연수가 들어가므로 $(X_1 + X_2 + \cdots + X_{12}) = 78$입니다.
따라서 $3 \times (X_1 + X_2 + \cdots + X_{12}) = 3 \times 78 = 234$입니다.

③ 막약 인접한 세 수의 합이 모두 19 라면 세 수의 합 12가지를 모두 합하면 $19 \times 12 = 228$입니다.
$228 < 234$이므로 비둘기집의 원리에 따라 적어도 하나의 인접한 세 수의 합은 반드시 20 이상이 됩니다.

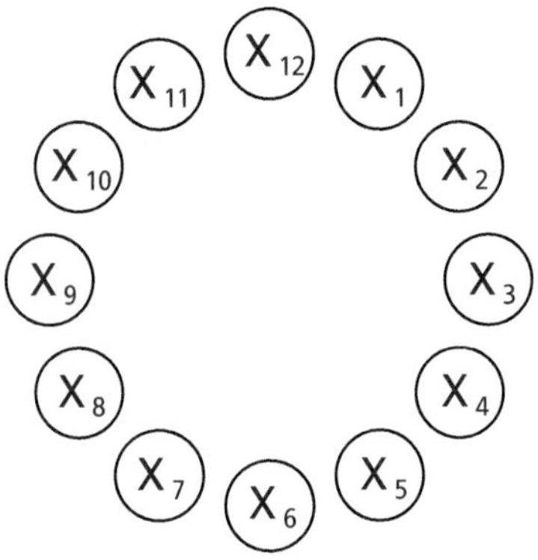

심화문제 02 ········· P. 37

[정답] 풀이 과정 참조

[풀이 과정]

① 만약 15개의 점을 찍을 때, 임의의 2개의 점 사이의 거리가 반드시 1보다 작다면 아래 그림과 같이 이 15개의 점들은 임의의 1개의 점 O_1을 중심으로 하는 지름이 1인 원의 내부에 모두 포함되게 됩니다.

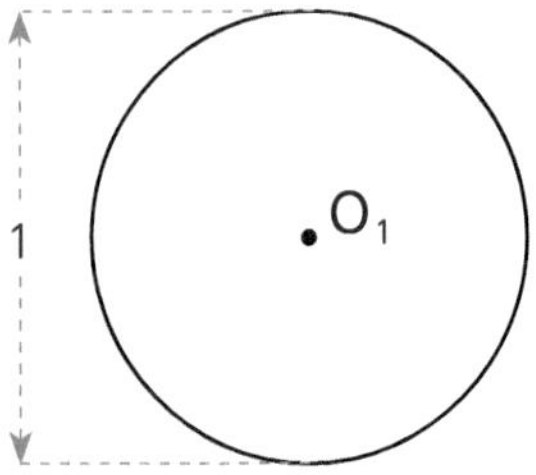

② 만약 15개의 점 중에서 두 점 사이의 거리가 1보다 작지 않은 두 점이 있을 때, 이 두 점을 O_2, O_3 라고 하면 아래와 같이 이 두 점을 중심으로 하고 지름이 1인 원을 그릴 수 있습니다.

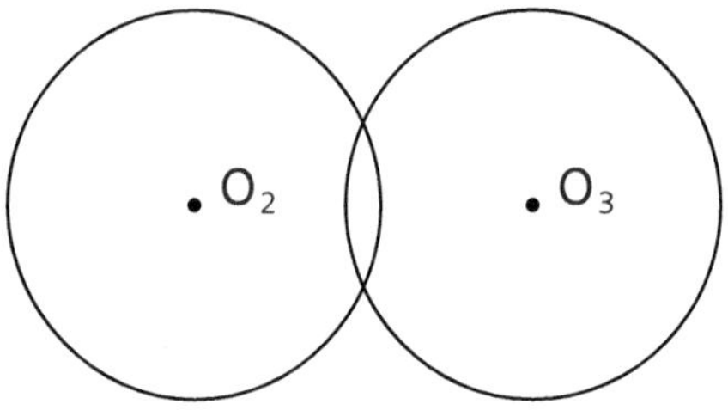

③ 조건에 맞게 그리기 위해서는 나머지 13개의 점은 이 두 개의 원 중 하나의 내부에 찍어야 합니다.
따라서 원의 중심을 제외한 13개의 점을 2개의 원의 내부에 찍으면 비둘기집의 원리에 의해 반드시 1개의 원의 내부에는 7개 이상의 점이 찍히게 되고 이 원의 내부에는 중심점을 포함해 8개 이상의 점이 찍히게 됩니다.

심화문제 03 .... P. 38

[정답] 풀이 과정 참조

[풀이 과정]

① 만약 이 수열의 1항부터 1999항까지의 항 중 1999의 배수가 없다고 가정합니다.
그렇다면 이 수열의 1항 ~ 1999항의 수를 1999로 나눈 나머지는 반드시 1 ~ 1998까지 총 1998개 중 하나입니다.
따라서 1999개의 수가 1998가지의 나머지를 가지므로 비둘기집의 원리에 따라 적어도 2개의 수는 1999로 나누었을 때의 나머지가 같은 수입니다.

② 1999로 나누었을 때의 나머지가 같은 두 수를 아래와 같은 수라고 생각해봅니다.
$X_1 = 11\cdots1111$ (1이 m 개) , $X_2 = 11\cdots1111$ (1이 n 개)(단, m 은 n 보다 큰 수이고 1999보다 작습니다.)
이 두 수는 1999로 나누었을 때의 나머지가 같으므로 이 두 수의 차는 1999의 배수가 됩니다.
$X_1 - X_2 = (\underbrace{11\cdots1111}_{1이\ m개}) - (\underbrace{11\cdots1111}_{1이\ n개}) = 11\cdots$
$1111000\cdots000 = \underbrace{11\cdots1111}_{1이\ (m-n)개} \times \underbrace{1000\cdots000}_{0이\ n개}$
$X_1 - X_2$는 1999의 배수인데 $1000\cdots000$은 1999의 배수가 아니므로 $\underbrace{11\cdots1111}_{1이\ (m-n)개}$이 1999의 배수가 되고 이 수는 <보기>의 수열의 1999항까지의 항 중 하나입니다.

③ 따라서 <보기>의 수열의 1항부터 1999항까지의 항 중 반드시 1999의 배수인 항이 존재합니다.

심화문제 04 .... P. 39

[정답] 풀이 과정 참조

[풀이 과정]

① 100 이하의 자연수 중 제곱의 차가 100으로 나누어 떨어지는 두 수는 다음과 같습니다.
n 과 (100 - n) 의 제곱의 차는 항상 100으로 나누어 떨어집니다.
(1, 99), (2, 98), (3, 97), ⋯, (49, 51) → 49가지
이는 49개의 서랍이 되고 숫자 50은 남게 됩니다.

② 따라서 가장 나쁜 상황으로 뽑더라도 50을 먼저 뽑고 나머지 50개의 자연수를 뽑을 때 49개의 서랍에서 수를 뽑으므로 비둘기집의 원리에 따라 같은 서랍에서 나온 수가 반드시 생기게 됩니다. 같은 서랍에서 나온 수는 제곱의 차가 항상 100으로 나누어 떨어지는 두 수입니다.

③ 따라서 100 이하의 임의의 51개의 자연수를 뽑으면 그 중 제곱의 차가 100으로 나누어 떨어지는 두 수가 반드시 존재합니다.

심화문제 05 .... P. 39

[정답] 풀이 과정 참조

[풀이 과정]

① 임의의 5개의 수가 있다면 그 중 합이 3의 배수가 되는 3개의 수가 반드시 존재한다는 것을 이용해서 수들을 나누어 보도록합니다.

② i. 임의로 뽑은 11개의 수 중 합이 3의 배수가 되는 3개의 수를 다음과 같이 나타냅니다. $(X_1 + X_2 + X_3) = 3 \times A$
ii. 3개의 수를 빼고 남은 8개의 수 중 합이 3의 배수가 되는 3개의 수를 다음과 같이 나타냅니다.
$(X_4 + X_5 + X_6) = 3 \times B$
iii. 6개의 수를 빼고 남은 5개의 수 중 합이 3의 배수가 되는 3개의 수를 다음과 같이 나타냅니다.
$(X_7 + X_8 + X_9) = 3 \times C$

③ i. 이때, A, B, C 중 짝수가 2개 있다면 그 6개의 수의 합은 6의 배수가 됩니다.
A, B 가 짝수라면 $(X_1 + X_2 + X_3 + X_4 + X_5 + X_6) = 3 \times (A + B) = 3 \times 2 \times k = 6k$
ii. 이때, A, B, C 중 홀수가 2개 있다면 그 6개의 수의 합은 6의 배수가 됩니다.

④ 따라서 임의의 자연수 11개를 뽑으면 그 중 합이 6의 배수가 되는 6개의 수가 반드시 있게 됩니다.

창의적문제해결수학 01 .... P. 40

[정답] 432가지

[풀이 과정]

① 5개의 점을 뽑을 때 한 직선 위에 적어도 1개의 점이 있도록 뽑는다면 가로선, 세로선이 각각 4개이기 때문에 비둘기집의 원리에 따라 최소 하나의 가로선과 하나의 세로선에는 2개의 점이 있게 됩니다.
따라서 4개의 가로선과 세로선 중 2개의 점이 있게 되는 가로선과 세로선을 선택하는 경우의 수는 $4 \times 4 = 16$입니다.

② 그 후 그 2개의 점 중 교점이 있는지 없는지로 경우를 나누어 아래와 같이 따져보도록 합니다.
i. 2개의 점이 있는 가로선과 2개의 점이 있는 세로선의 교점이 선택된 점일 경우
교점을 제외하고 해당 가로선의 3개의 점 중 1개의 점, 해당 세로선의 3개의 점 중 1개의 점을 선택하는 경우의 수는 $3 \times 3 = 9$입니다.
빨간 선이 2개의 점이 있는 선이라고 한다면 조건을 만족하도록 5개의 점을 찍는 경우는 아래와 같이 2가지 경우입니다.

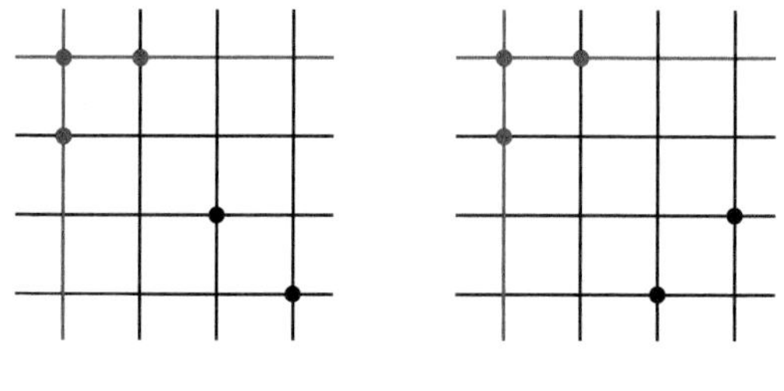

→ 이때의 경우의 수는 9 × 2 = 18가지

ⅱ. 2개의 점이 있는 가로선과 2개의 점이 있는 세로선의 교점이 선택된 점이 아닐 경우
2개의 점이 있는 가로선과 2개의 점이 있는 세로선에서 교점이 아닌 3개의 점 중 2개를 고르는 경우의 수는 3 × 3 = 9입니다.
아래의 그림과 같이 교점이 아닌 3개의 점 중 2개의 점들을 각각 고르면 조건을 만족하기 위해 나머지 1개의 점을 찍는 경우의 수는 1가지입니다.
→ 이때의 경우의 수는 9 × 1 = 9가지

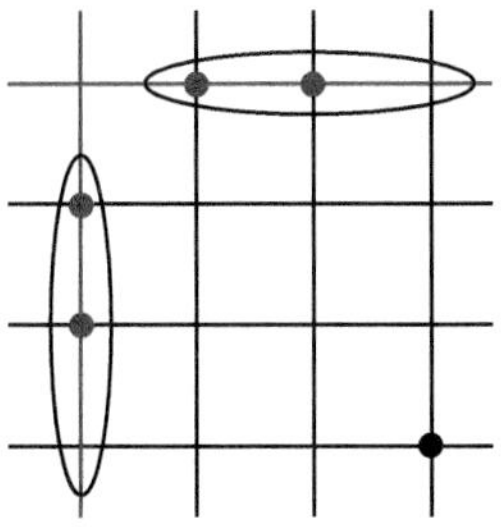

③ 따라서 16개의 격자점 중 5개의 점을 뽑을 때, 한 직선 위에 적어도 1개의 점이 있도록 뽑는 경우의 수는
16 × (18 + 9) = 432가지입니다.

창의적문제해결수학 02 P. 41

[정답] 8

[풀이 과정]

① 먼저 105 는 3 × 5 × 7 로 표현할 수 있습니다. 따라서 계산 결과값이 105의 배수가 되기 위해선 각각이 3의 배수, 5의 배수, 7의 배수이면 됩니다.

② 나머지의 개수와 비둘기집의 원리를 이용해서 다음과 같이 생각해보도록 합니다.

ⅰ. 모든 자연수는 3으로 나누면 나머지가 0, 1, 2 총 3가지 중 하나입니다. 따라서 서로 다른 4개의 자연수를 뽑으면 비둘기집의 원리에 따라 적어도 2개의 수는 3으로 나누었을 때의 나머지가 같습니다. 이 두 수의 차는 3의 배수가 됩니다.

ⅱ. 위와 마찬가지의 이유로 서로 다른 6개의 자연수를 뽑으면 이 중 두 수의 차가 5의 배수가 되는 두 수가 반드시 존재하고 서로 다른 8개의 자연수를 뽑으면 이 중 두 수의 차가 7의 배수가 되는 두 수가 반드시 존재하게 됩니다.

③ 총 8개의 서로 다른 자연수가 있다면 먼저 그 중 두 수의 차가 7의 배수가 되는 두 수가 반드시 존재합니다. 이 두 수를 제외한 나머지 6개의 수 중 두 수의 차가 5의 배수가 되는 두 수가 반드시 존재하고 또 다시 이 두 수를 제외한 나머지 4개의 수 중 두 수의 차가 3의 배수가 되는 두 수가 반드시 존재합니다.

④ 따라서 N 의 최솟값은 8입니다. (정답)

3. 입체도형에서의 경로

대표문제1 확인하기 P. 47

[정답] 90가지

[풀이 과정]

① 점 ㄱ에서 점 ㄴ까지 변을 따라 최단경로로 가기 위해선 가로로 2번, 세로로 2번, 위로 2번을 움직여야 합니다. 따라서 최단경로의 개수는 (가로, 가로, 세로, 세로, 위, 위)를 일렬로 나열하는 경우의 수와 같습니다.

② 6개를 일렬로 나열하는 경우의 수는
6 × 5 × 4 × 3 × 2 × 1 = 720가지입니다.
이 중 같은 방향끼리는 서로 순서가 바뀌어도 전체 경로는 같으므로 가로 2개를 나열하는 경우의 수인 2 × 1 = 2, 세로 2개를 나열하는 경우의 수인 2 × 1 = 2, 위 2개를 나열하는 경우의 수인 2 × 1 = 2를 나누어주어야 합니다.

③ 따라서 <보기> 의 도형에서 점 ㄱ에서 변을 따라 점 ㄴ까지 가는 최단경로의 개수는 720 ÷ (2 × 2 × 2) = 90가지입니다.

대표문제2 확인하기 P. 49

[정답] 풀이 과정 참조

[풀이 과정]

① 정육면체의 전개도를 그리면 점 ㄹ 과 점 ㅁ 을 최단거리로 잇는 끈은 아래 그림과 같이 점 ㄹ 과 점 ㅁ 을 직선으로 이은 것입니다.

② 정육면체의 전개도를 그리는 방법은 다양하므로 정답은 이외에도 많습니다.

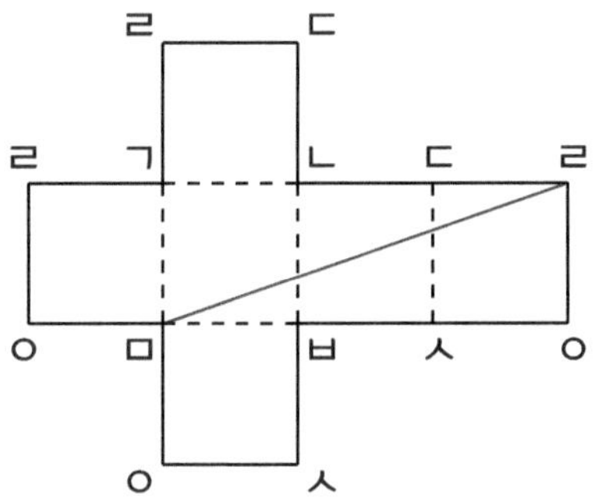

〈정답〉

3 정답 및 풀이

연습문제 01 ··· P. 50

[정답] 8가지

[풀이 과정]

① 처음에는 점 D, 점 E로 갈 수 있습니다.
A - D, A - E

② A - D 인 경우 다음은 점 C, 점 H 로 갈 수 있습니다.

i. A - D - C 인 경우 변을 5번 지나서 점 B 까지 가기위한 경로는 A - D - C - G - F - B입니다. → 1가지

ii. A - D - H 인 경우 변을 5번 지나서 점 B 가지 가기위한 경로는 아래와 같이 총 3가지입니다.
A - D - H - E - F - B, A - D - H - G - F - B, A - D - H - G - C - B

따라서 A - D 인 경우 변을 5번 지나서 점 B 까지 가기위한 경로는 총 4가지입니다.

③ A - E 인 경우 다음은 점 H, 점 F를 갈 수 있습니다.

i. A - E - H 인 경우 변을 5번 지나서 점 B로 가는 경로는 아래와 같이 3가지입니다.
A - E - H - D - C - B, A - E - H - G - C - B, A - E - H - G - F - B

ii. A - E - F 인 경우 변을 5번 지나서 점 B로 가는 경로는 A - E - F - G - C - B입니다.

따라서 A - E 인 경우 변을 5번 지나서 점 B로 가기위한 경로는 총 4가지입니다.

④ 따라서 점 A에서 변을 따라 점 B 까지 갈 때, 변을 5번 지나서 가는 경우는 총 8가지입니다. (정답)

연습문제 02 ··· P. 50

[정답] 풀이 과정 참조

[풀이 과정]

① 정사면체의 전개도를 그리고 점 A 와 점 B를 최단거리로 연결한 끈을 그리면 아래 그림과 같습니다. 점 A를 가장 큰 삼각형의 꼭지점이 되도록 전개도를 그려야 합니다.

② 전개도를 그리는 방식에 따라 정답은 이외에 많습니다.

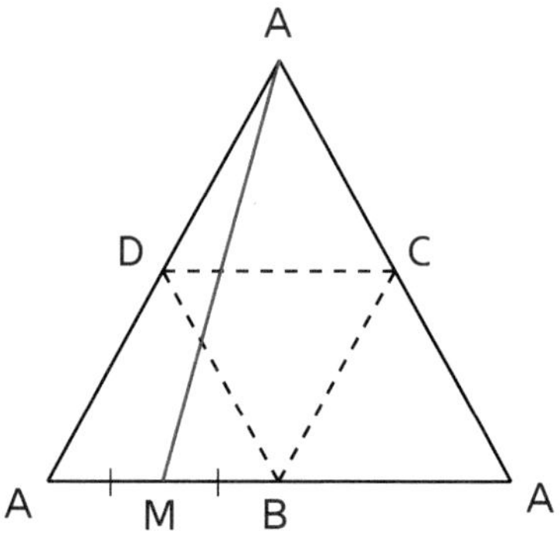

연습문제 03 ··· P. 51

[정답] 25가지

[풀이 과정]

① 아래와 같이 각 꼭지점에 가는 최단경로의 개수를 써가면서 점 A에서 점 B로 가는 최단경로의 개수를 찾아보도록 합니다.

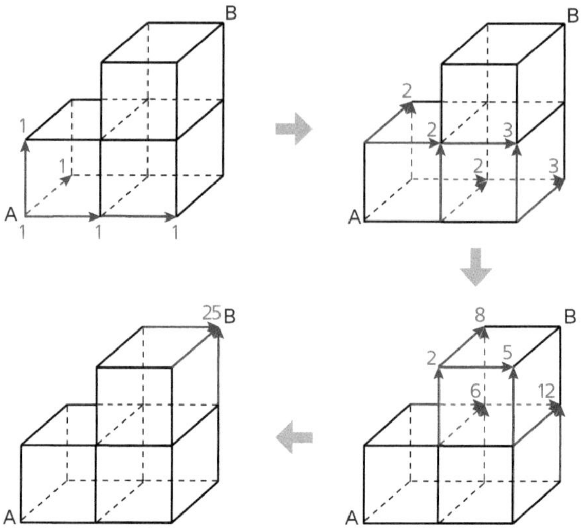

② 위 그림과 같이 점 A에서 점 B로 가는 최단경로의 개수는 25가지 입니다.(정답)

연습문제 04 ··· P. 51

[정답] 15가지

[풀이 과정]

① 처음에는 점 A, 점 C, 점 E로 갈 수 있습니다.
B - A, B - C, B - E

② B - A 인 경우 다음은 점 C, 점 D, 점 E로 갈 수 있습니다.

i. B - A - C 인 경우 4개의 변을 지나 다시 점 B로 가는 경로는 다음과 같이 1가지입니다.
B - A - C - A - B

ii. B - A - D 인 경우 4개의 변을 지나 다시 점 B로 가는 경로는 다음과 같이 3가지입니다.
B - A - D - E - B, B - A - D - C - B, B - A - D - A - B

iii. B - A - E 인 경우 4개의 변을 지나 다시 점 B로 가는 경로는 다음과 같이 1가지입니다.
B - A - E - A - E

따라서 B - A 인 경우 4개의 변을 지나 처음으로 다시 점 B로 돌아오는 경로는 총 5가지입니다.

③ B - C 인 경우 다음은 점 A, 점 D로 갈 수 있습니다.

i. B - C - A 인 경우 4개의 변을 지나 다시 점 B로 가는 경로는 다음과 같이 2가지입니다.

B - C - A - C - B, B - C - A - E - B

ii. B - C - D 인 경우 4개의 변을 지나 다시 점 B로 가는 경로는 다음과 같이 3가지입니다.

B - C - D - C - B, B - C - D - E - B,
B - C - D - A - B

따라서 B - C 인 경우 4개의 변을 지나 처음으로 다시 점 B로 돌아오는 경로는 총 5가지입니다.

④ B - E 인 경우는 ③의 경우를 180° 돌려서 생각하는 것과 같으므로 마찬가지로 4개의 변을 지나 처음으로 다시 점 B로 돌아오는 경로는 총 5가지입니다.

⑤ 따라서 점 B에서 출발해서 변을 따라 갈 때, 4개의 변을 지나 처음으로 다시 점 B로 돌아오는 경로는 총 15가지입니다. (정답)

연습문제 05 .... P. 52

[정답] 2

[풀이 과정]

① 전개도에 점 H 와 점 G를 최단거리로 잇는 끈을 나타내면 아래 그림과 같습니다.

② △HH'G 와 △HEM 은 ∠EHM 을 공유하고 ∠HEM = ∠HH'G = 90° 이므로 서로 닮음입니다. (AA 닮음)
선분 HE : 선분 HH' = 1 : 4이므로 두 삼각형의 닮음비는 1 : 4입니다.

③ 정육면체의 한 변의 길이가 8이므로 선분 H'G 의 길이는 8입니다. △HH'G 와 △HEM 의 닮음비가 1 : 4이므로 선분 EM : 선분 H'G = 1 : 4입니다. 따라서 선분 EM 의 길이는 2입니다. (정답)

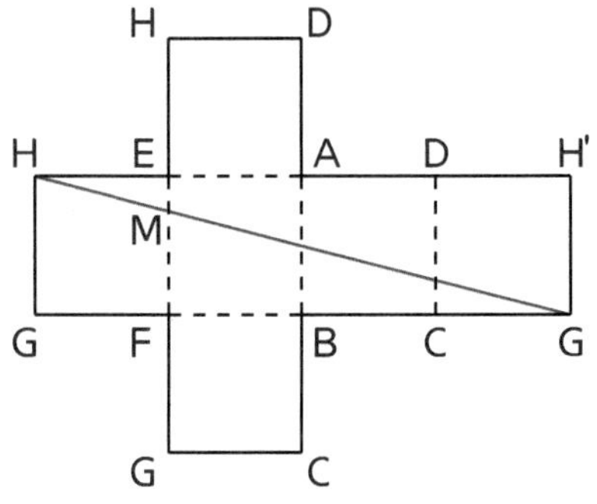

연습문제 06 .... P. 52

[정답] 18가지

[풀이 과정]

① 점 A에서 변을 따라 점 C를 거쳐서 점 B 까지 최단경로로 가기 위한 부분을 빨간색으로 칠하면 아래의 그림과 같습니다. 따라서 최단경로의 개수는 (점 A에서 점 C 까지 가는 최단경로의 개수) × (점 C에서 점 B 까지 가는 최단경로의 개수)입니다.

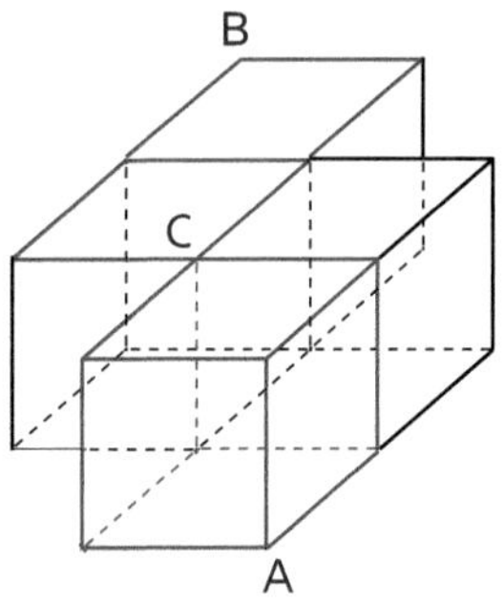

② 점 A에서 점 C로 최단거리로 가기 위해선 가로로 1번, 세로로 1번, 위로 1번 움직여야 합니다. 따라서 최단경로의 개수는 (가로, 세로, 위)를 일렬로 나열하는 경우의 수와 같습니다. 이는 3 × 2 × 1 = 6가지입니다.

③ 점 C에서 점 B로 최단거리로 가기 위해선 가로로 1번, 세로로 2번 움직여야 합니다. 따라서 최단경로의 개수는 (가로, 세로, 세로)를 일렬로 나열하는 경우의 수와 같습니다. 이는 3 × 2 × 1 = 6이고 이 중 세로끼리는 위치가 바뀌어도 경로는 같으므로 세로 2개를 나열하는 경우의 수인 2 × 1 = 2로 나누어주어야 합니다.
따라서 점 C에서 점 B로 가는 최단경로의 개수는 6 ÷ 2 = 3가지입니다.

④ 따라서 점 A에서 변을 따라 점 C를 거쳐 점 B로 가는 최단경로의 개수는 6 × 3 = 18가지입니다. (정답)

연습문제 07 .... P. 52

[정답] 61가지

[풀이 과정]

① <보기>와 같이 공이 A에서 출발해서 각 꼭지점으로 갈 때의 경로의 개수를 적어봅니다.

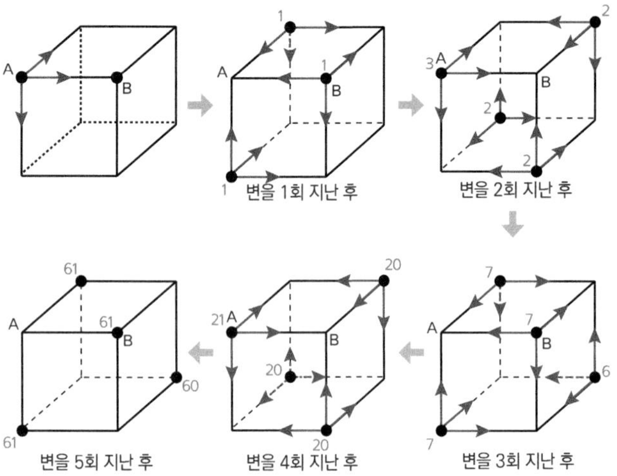

② 따라서 공이 점 A에서 출발해서 5개의 변을 지난후 점 B에 있는 경우의 수는 61가지입니다. (정답)

연습문제 08 .... P. 52

[정답] 12

[풀이 과정]

① 원뿔의 전개도는 아래의 그림과 같습니다.
원뿔의 옆면은 반지름이 12인 원의 일부입니다. 원기둥의 밑면은 반지름이 2인 원이므로 원기둥의 밑면의 원주는 4 × π입니다. 이는 부채꼴의 호의 길이와 같습니다.
따라서 부채꼴의 중심각은 60°입니다.

② 옆면을 최단거리가 되도록 한 바퀴 감은 끈을 전개도에 나타내면 선분 BC가 됩니다. 부채꼴의 중심각이 60° 이고 선분 AB = 선분 AC = 12이므로 △ABC는 정삼각형이 됩니다.

③ 따라서 선분 BC의 길이는 12이고 원뿔의 옆면을 최단거리가 되도록 한 바퀴 감은 끈의 길이는 12가 됩니다. (정답)

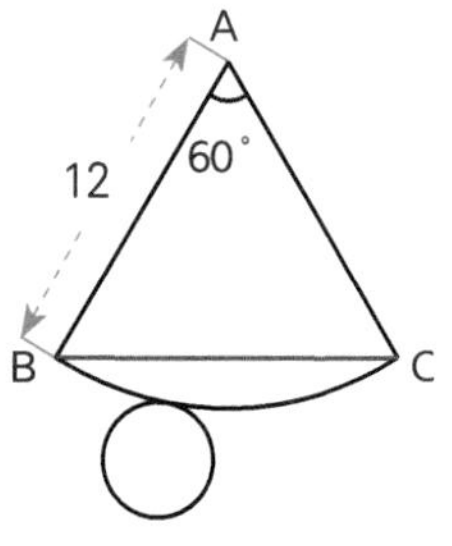

심화문제 01 .... P. 54

[정답] 28가지

[풀이 과정]

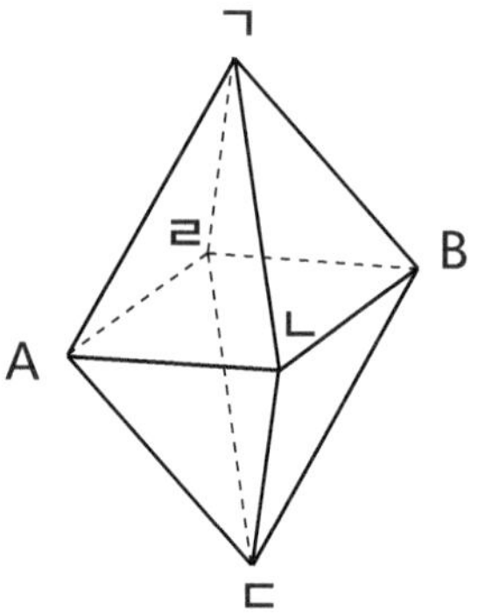

① 2개의 선분을 지나서 점 A에서 점 B로 변을 따라 가는 경우
A - ㄱ - B , A - ㄴ - B
A - ㄷ - B , A - ㄹ - B
→ 총 4가지

② 3개의 선분을 지나서 점 A에서 점 B로 변을 따라 가는 경우
A - ㄱ - ㄴ - B , A - ㄱ - ㄹ - B
A - ㄴ - ㄱ - B , A - ㄴ - ㄷ - B
A - ㄷ - ㄴ - B , A - ㄷ - ㄹ - B
A - ㄹ - ㄱ - B , A - ㄹ - ㄷ - B
→ 총 8가지

③ 4개의 선분을 지나서 점 A에서 점 B로 변을 따라 가는 경우
A - ㄱ - ㄴ - ㄷ - B , A - ㄱ - ㄹ - ㄷ - B
A - ㄴ - ㄷ - ㄹ - B , A - ㄴ - ㄱ - ㄹ - B
A - ㄷ - ㄹ - ㄱ - B , A - ㄷ - ㄴ - ㄱ - B
A - ㄹ - ㄱ - ㄴ - B , A - ㄹ - ㄷ - ㄴ - B
→ 총 8가지

④ 5개의 선분을 지나서 점 A에서 점 B로 변을 따라 가는 경우
A - ㄱ - ㄴ - ㄷ - ㄹ - B
A - ㄱ - ㄹ - ㄷ - ㄴ - B
A - ㄴ - ㄷ - ㄹ - ㄱ - B
A - ㄴ - ㄱ - ㄹ - ㄷ - B
A - ㄷ - ㄹ - ㄱ - ㄴ - B
A - ㄷ - ㄴ - ㄱ - ㄹ - B
A - ㄹ - ㄱ - ㄴ - ㄷ - B
A - ㄹ - ㄷ - ㄴ - ㄱ - B
→ 총 8가지

⑤ 같은 점은 2번 이상 지날 수 없기 때문에 6개 이상의 선분을 지나서 점 A에서 점 B로 가는 경우는 없습니다. 따라서 점 A에서 점 B 까지 변을 따라 이동하는 서로 다른 경로의 개수는 4 + 8 + 8 + 8 = 28가지입니다. (정답)

심화문제 02 .... P. 55

[정답] 15가지

[풀이 과정]

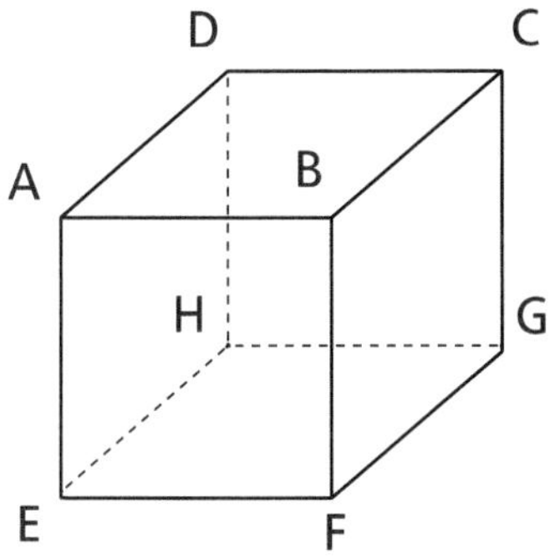

① 1개의 선분을 지나서 점 A에서 점 B로 변을 따라 가는 경우
A - B
→ 총 1가지

② 2개의 선분을 지나서 점 A에서 점 B로 변을 따라 가는 경우는 없습니다.

③ 3개의 선분을 지나서 점 A에서 점 B로 변을 따라 가는 경우
A - D - C - B , A - E - F - B
→ 총 2가지

④ 4개의 선분을 지나서 점 A에서 점 B로 변을 따라 가는 경우는 없습니다.

⑤ 5개의 선분을 지나서 점 A에서 점 B로 변을 따라 가는 경우
A - D - C - G - F - B , A - D - H - G - F - B
A - D - H - G - C - B , A - D - H - E - F - B
A - E - F - G - C - B , A - E - H - G - F - B
A - E - H - G - C - B , A - E - H - D - C - B
→ 총 8가지

⑥ 6개의 선분을 지나서 점 A에서 점 B로 변을 따라 가는 경우는 없습니다.

⑦ 7개의 선분을 지나서 점 A에서 점 B로 변을 따라 가는 경우
A - D - H - E - F - G - C - B
A - D - C - G - H - E - F - B
A - E - F - G - H - D - C - B
A - E - H - D - C - G - F - B
→ 총 4가지

⑧ 각 꼭짓점은 한 번만 지날 수 있으므로 8개 이상의 선분을 지나서 점 A에서 점 B로 변을 따라 가는 경우는 없습니다.
따라서 점 A에서 변을 따라 점 B로 가는 경로의 개수는 1 + 2 + 8 + 4 = 15가지입니다. (정답)

심화문제 03 .... P. 56

[정답] 75.36

[풀이 과정]

① 원기둥의 전개도에 끈을 표시하면 〈그림 1〉 과 같고 옆면의 넓이 중 이 끈 사이 부분의 넓이는 〈그림 2〉 와 같습니다.

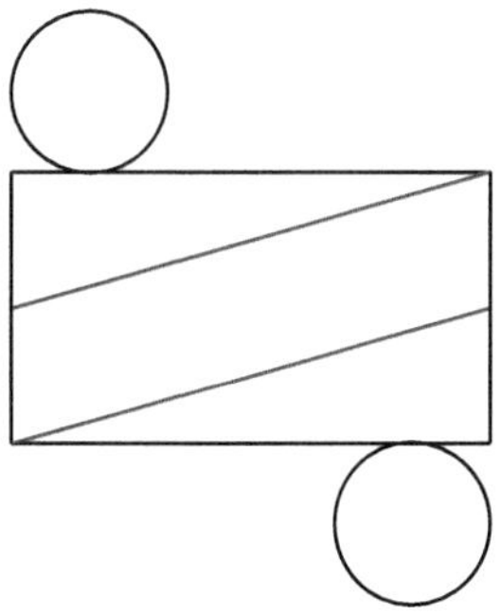

〈그림 1〉

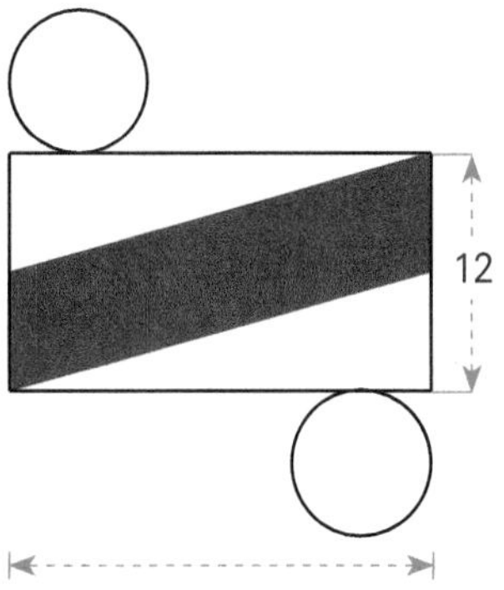

〈그림 2〉

② 옆면의 넓이 중 끈 사이 부분의 넓이는 밑변의 길이가 6 , 높이가 4 × π 인 평행사변형의 넓이와 같습니다.
따라서 넓이는 6 × (4 × π) = 75.36입니다. (정답)

심화문제 **04** .... P. 57

[정답] 18가지

[풀이 과정]

① 아래의 도형의 A 지점에서 D 지점까지 변을 따라 이동할 때, 점 B 또는 점 C를 지나지 않는 최단경로의 개수는 다음과 같이 구할 수 있습니다.
(점 B 또는 점 C를 지나지 않는 최단경로의 개수)
= (점 A에서 점 D 까지 가는 최단경로의 개수) - (점 A에서 점 B를 거쳐서 점 D로 가는 최단경로의 개수) - (점 A에서 점 C를 거쳐서 점 D로 가는 최단경로의 개수) + (점 A에서 점 B 와 점 C를 거쳐서 점 D로 가는 최단경로의 개수)

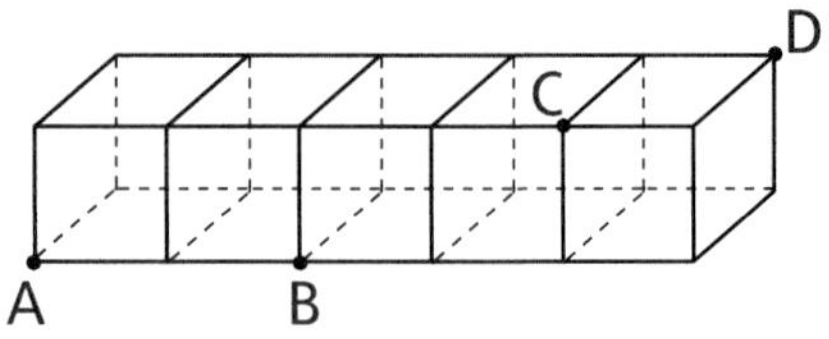

② 점 A에서 점 D 까지 최단경로로 가기 위해선 가로로 5번, 세로로 1번, 위로 1번 가야합니다.
따라서 최단경로의 개수는 (가로, 가로, 가로, 가로, 가로, 세로, 위)를 일렬로 나열하는 경우의 수와 같습니다. 이는 $7 \times 6 \times 5 \times 4 \times 3 \times 2 \times 1 = 5040$가지입니다.
이 중 가로끼리는 서로 위치가 바뀌어도 경로가 같으므로 가로 5개를 나열하는 경우의 수를 나누어주어야 합니다.
이는 $5 \times 4 \times 3 \times 2 \times 1 = 120$가지입니다. 따라서 점 A에서 점 D 까지 가는 최단경로의 개수는
$5040 \div 120 = 42$가지입니다.

③ 점 A에서 점 B를 거쳐서 점 D로 가는 최단경로의 개수를 구하기 위한 방법은 다음과 같습니다.
점 A에서 점 B로 가는 최단경로는 1가지입니다. 점 B에서 점 D 까지 최단경로로 가기 위해선 가로로 3번, 세로로 1번, 위로 1번 가야합니다.
따라서 최단경로의 개수는 (가로, 가로, 가로, 세로, 위)를 일렬로 나열하는 경우의 수와 같습니다.
이는 $5 \times 4 \times 3 \times 2 \times 1 = 120$가지입니다.
이 중 가로끼리는 서로 위치가 바뀌어도 경로가 같으므로 가로 3개를 나열하는 경우의 수를 나누어주어야 합니다.
이는 $3 \times 2 \times 1 = 6$가지입니다.
따라서 점 B에서 점 D로 가는 최단경로의 개수는
$120 \div 6 = 20$가지이고 점 A에서 점 B를 거쳐서 점 D로 가는 최단경로의 개수는 $1 \times 20 = 20$가지입니다.

④ 점 A에서 점 C를 거쳐서 점 D로 가는 최단경로의 개수를 구하기 위한 방법은 다음과 같습니다.
점 A에서 점 C로 최단경로로 가기 위해선 가로로 4번, 위로 1번 가야합니다.
따라서 최단경로의 개수는 (가로, 가로, 가로, 가로, 위)를 일렬로 나열하는 경우의 수와 같습니다. 이는 $5 \times 4 \times 3 \times 2 \times 1 = 120$가지입니다. 이 중 가로끼리는 서로 위치가 바뀌어도 경로가 같으므로 가로 4개를 나열하는 경우의 수를 나누어주어야 합니다. 이는 $4 \times 3 \times 2 \times 1 = 24$가지입니다. 따라서 점 A에서 점 C로 가는 최단경로의 개수는 $120 \div 24 = 5$가지입니다. 점 C에서 점 D로 가는 최단경로의 개수는 2가지입니다. 따라서 점 A에서 점 C를 거쳐서 점 D로 가는 최단경로의 개수는 $5 \times 2 = 10$가지입니다.

⑤ 점 A에서 점 B 와 점 C를 거쳐서 점 D로 가는 최단경로의 개수를 구하기 위한 방법은 다음과 같습니다. 점 A에서 점 B로 가는 최단경로의 개수는 1가지입니다. 점 B에서 점 C로 가는 최단경로의 개수는 3가지입니다. 점 C에서 점 D로 가는 최단경로의 개수는 2가지입니다.
따라서 점 A에서 점 B 와 점 C를 거쳐서 점 D로 가는 최단경로의 개수는 $1 \times 3 \times 2 = 6$가지입니다.

⑥ 따라서 점 A에서 점 D로 변을 따라 이동할때, 점 B 또는 점 C를 지나지 않는 최단경로의 개수는 $42 - 20 - 10 + 6 = 18$가지입니다. (정답)

창의적문제해결수학 **01** .... P. 58

[정답] 12012가지

[풀이 과정]

① 크기와 모양이 같은 36개의 정육면체를 붙여서 새로운 직육면체를 만드는 방법은 다음과 같습니다.
$(1 \times 1 \times 36)$, $(1 \times 2 \times 18)$, $(1 \times 3 \times 12)$,
$(1 \times 4 \times 9)$, $(1 \times 6 \times 6)$
$(2 \times 2 \times 9)$, $(2 \times 3 \times 6)$, $(3 \times 3 \times 4)$

② $(1 \times 1 \times 36)$꼴의 직육면체일 때, 점 A에서 점 B 까지 가는 최단경로의 개수는 다음과 같습니다.

$$\frac{38 \times 37 \times \cdots \times 2 \times 1}{36 \times 35 \times \cdots \times 2 \times 1} = 38 \times 37 = 1406$$

③ $(1 \times 2 \times 18)$꼴의 직육면체일 때, 점 A에서 점 B 까지 가는 최단경로의 개수는 다음과 같습니다.

$$\frac{21 \times 20 \times \cdots \times 2 \times 1}{(18 \times 17 \times \cdots \times 2 \times 1) \times (2 \times 1)}$$
$$= 21 \times 20 \times 19 \div 2 = 3990$$

④ $(1 \times 3 \times 12)$꼴의 직육면체일 때, 점 A에서 점 B 까지 가는 최단경로의 개수는 다음과 같습니다.

$$\frac{16 \times 15 \times \cdots \times 2 \times 1}{(12 \times 11 \times \cdots \times 2 \times 1) \times (3 \times 2 \times 1)}$$
$$= 16 \times 15 \times 14 \times 13 \div 6 = 7280$$

⑤ $(1 \times 4 \times 9)$꼴의 직육면체일 때, 점 A에서 점 B 까지 가는 최단경로의 개수는 다음과 같습니다.

$$\frac{14 \times 13 \times \cdots \times 2 \times 1}{(9 \times 8 \times \cdots \times 2 \times 1) \times (4 \times 3 \times 2 \times 1)}$$
$$= 14 \times 13 \times 12 \times 11 \times 10 \div 24 = 10010$$

⑥ (1 × 6 × 6)꼴의 직육면체일 때, 점 A에서 점 B까지 가는 최단경로의 개수는 다음과 같습니다.

$$\frac{13 \times 12 \times \cdots \times 2 \times 1}{(6 \times 5 \times \cdots \times 2 \times 1) \times (6 \times 5 \times \cdots \times 2 \times 1)}$$

$= (13 \times 12 \times \cdots \times 7) \div (6 \times 5 \times \cdots \times 1) = 12012$

⑦ (2 × 2 × 9)꼴의 직육면체일 때, 점 A에서 점 B까지 가는 최단경로의 개수는 다음과 같습니다.

$$\frac{13 \times 12 \times \cdots \times 2 \times 1}{(9 \times 8 \times \cdots \times 2 \times 1) \times (2 \times 1) \times (2 \times 1)}$$

$= (13 \times 12 \times 11 \times 10) \div 4 = 4290$

⑧ (2 × 3 × 6)꼴의 직육면체일 때, 점 A에서 점 B까지 가는 최단경로의 개수는 다음과 같습니다.

$$\frac{11 \times 10 \times \cdots \times 2 \times 1}{(6 \times 5 \times \cdots \times 2 \times 1) \times (3 \times 2 \times 1) \times (2 \times 1)}$$

$= (11 \times 10 \times 9 \times 8 \times 7) \div 12 = 4620$

⑨ (3 × 3 × 4)꼴의 직육면체일 때, 점 A에서 점 B까지 가는 최단경로의 개수는 다음과 같습니다.

$$\frac{10 \times 9 \times \cdots \times 2 \times 1}{(4 \times 3 \times 2 \times 1) \times (3 \times 2 \times 1) \times (3 \times 2 \times 1)}$$

$= (10 \times 9 \times \cdots \times 5) \div 36 = 4200$

⑩ 따라서 점 A에서 점 B까지 변을 따라 이동하는 최단경로의 개수가 가장 많게 하기위해선 직육면체는 (1 × 6 × 6)꼴의 직육면체로 만들어야 하며 이때 최단경로의 개수는 12012가지입니다. (정답)

창의적문제해결수학 02 P. 59

[정답] 32가지

[풀이 과정]

① 방에서 출구까지 최단거리로 가기 위해선 8개의 변을 지나서 가야 합니다. 최단경로로 가는 경로는 아래와 같이 4가지로 나누어 생각할 수 있습니다.

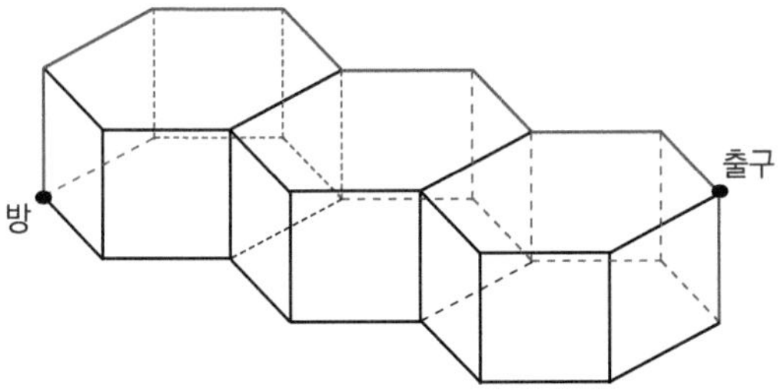

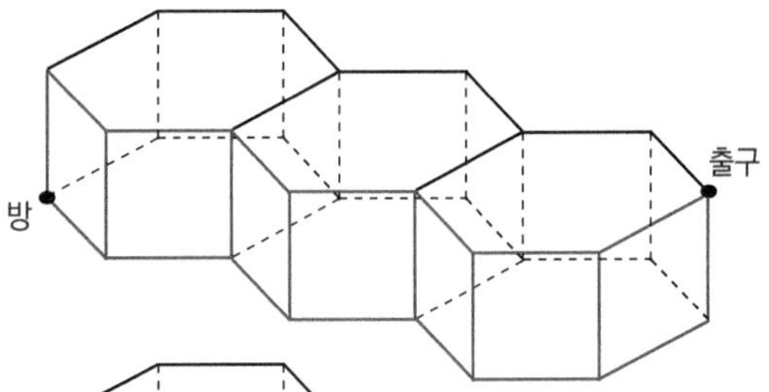

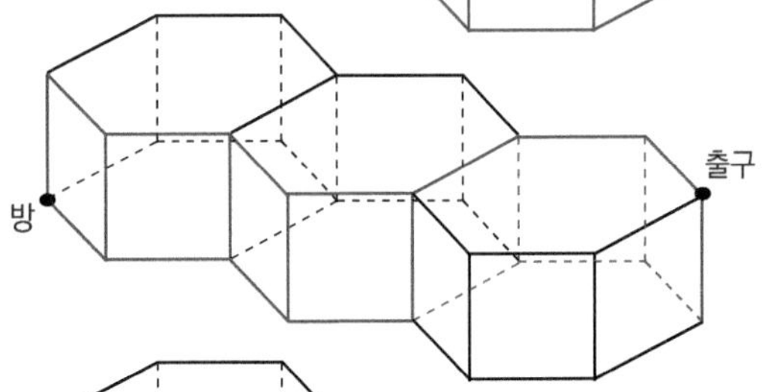

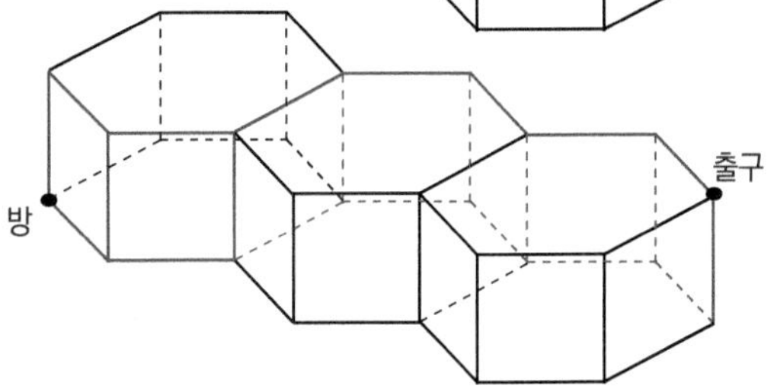

② 네 가지 경우 모두 빨간색으로 표시된 부분만 생각하면

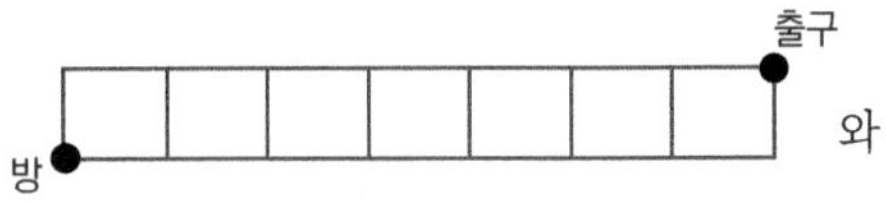

와 같습니다.

이 경우 방에서 출구로 최단경로로 가기위해선 가로로 7번, 세로로 1번 가야합니다. 따라서 최단경로의 개수는 (가로, 가로, 가로, 가로, 가로, 가로, 가로, 세로)를 일렬로 나열하는 경우의 수와 같습니다.

이 경우의 수는 $8 \times 7 \times \cdots . \times 2 \times 1 = 40320$입니다.

하지만 가로끼리는 서로 위치가 바뀌어도 경로는 같으므로 가로 7개를 나열하는 경우의 수인 $7 \times 6 \times \cdots \times 2 \times 1 = 5040$을 나누어주어야 합니다.

따라서 각 경우에서 방에서 출구로 가는 최단경로의 개수는 $40320 \div 5040 = 8$가지입니다.

③ 총 네 가지 경우가 있으므로 이 학생이 방에서 출구로 가는 최단경로의 개수는 $8 \times 4 = 32$가지입니다. (정답)

4. 영역 구분하기

대표문제1 확인하기 .... P. 65

[정답] 9가지

[풀이 과정]

① 빨강, 노랑, 초록 3가지 색을 모두 이용해서 네 영역을 칠하면 하나의 색은 두 영역에 색칠되게 됩니다.

② 빨강이 두 영역에 색칠될 경우 색칠하는 방법은 아래와 같이 3가지입니다.

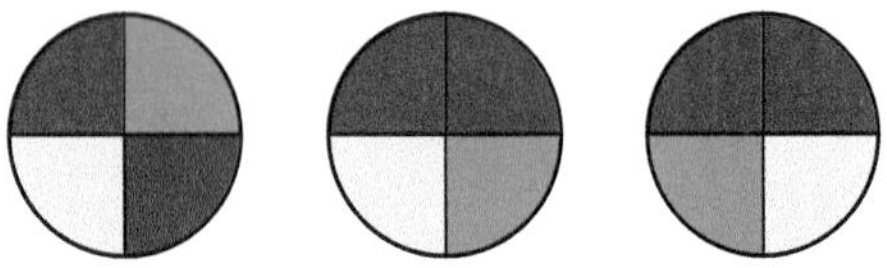

③ 노랑, 초록이 두 영역에 색칠될 경우도 마찬가지로 색칠하는 방법은 각각 3가지이므로 색칠하는 총 경우의 수는 3 × 3 = 9가지입니다.

대표문제2 확인하기 .... P. 67

[정답] 최소 4개의 색

[풀이 과정]

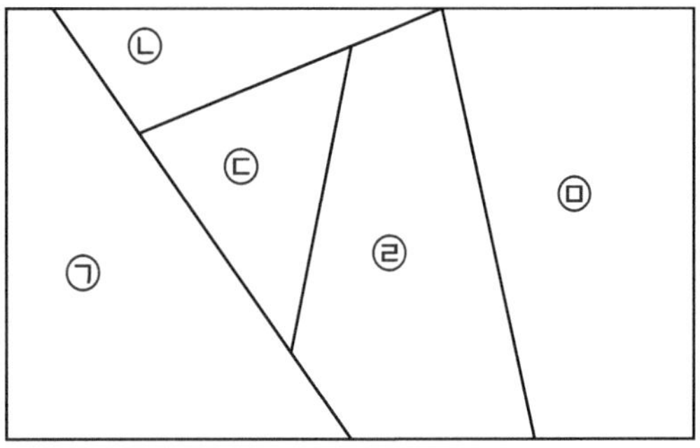

① 위의 그림과 같이 각 영역을 ㉠, ㉡, ㉢, ㉣, ㉤ 라고 하고 각 지역과 맞닿아 있는 영역을 적으면 다음과 같습니다.
㉠ 영역과 맞닿아 있는 지역 : ㉡, ㉢, ㉣
㉡ 영역과 맞닿아 있는 지역 : ㉠, ㉢, ㉣
㉢ 영역과 맞닿아 있는 지역 : ㉠, ㉡, ㉣
㉣ 영역과 맞닿아 있는 지역 : ㉠, ㉡, ㉢, ㉤
㉤ 영역과 맞닿아 있는 지역 : ㉣

② ㉠, ㉡, ㉢, ㉣ 지역은 서로 맞닿아 있으므로 3개의 색으로는 칠할 수 없고 4개의 색이 필요합니다. 4개의 색 ⓐ, ⓑ, ⓒ, ⓓ 를 이용하면 아래의 표와 같이 칠할 수 있습니다.

㉠	㉡	㉢	㉣	㉤
ⓐ	ⓑ	ⓒ	ⓓ	ⓐ

연습문제 01 .... P. 68

[정답] ㉠, ㉡ 도형 : 2개의 색, ㉢ 도형 : 3개의 색

[풀이 과정]

① ㉠, ㉡, ㉢ 각 도형을 최소 개수의 색으로 칠하면 다음과 같습니다.

② 위와 같이 인접한 부분은 다른 색으로 색칠해 구분하기 위해선 ㉠, ㉡ 도형은 2개의 색, ㉢ 도형은 3개의 색이 필요합니다.

연습문제 02 .... P. 68

[정답] 11가지

[풀이 과정]

① 빨강, 노랑, 초록 중 1개의 색을 이용해서 칠하는 경우는 아래와 같이 1가지입니다.

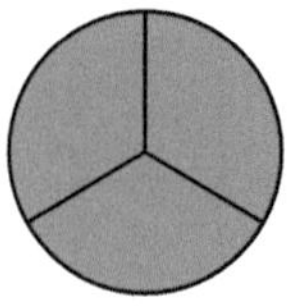

3개의 색 중 1개의 색을 고르는 경우의 수는 3가지입니다. 따라서 경우의 수는 3 × 1 = 3가지입니다.

② 빨강, 노랑, 초록 중 초록, 노랑 2개의 색을 이용해서 칠하는 경우는 아래와 같이 2가지입니다.

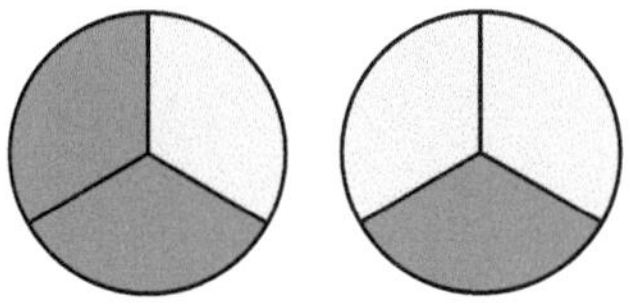

3개의 색 중 2개의 색을 고르는 경우의 수는 (빨강, 노랑), (빨강, 초록), (노랑, 초록) 3가지입니다.
따라서 경우의 수는 3 × 2 = 6가지입니다.

③ 빨강, 노랑, 초록 3가지 색을 모두 이용해서 칠하는 경우는 아래와 같이 2가지입니다.

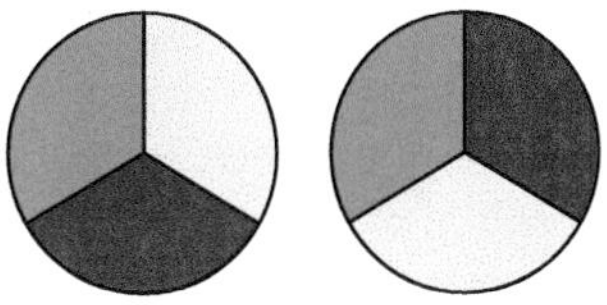

④ 따라서 총 경우의 수는 3 + 6 + 2 = 11가지입니다.

연습문제 03 .... P. 69

[정답] 최소 4개의 색

[풀이 과정]

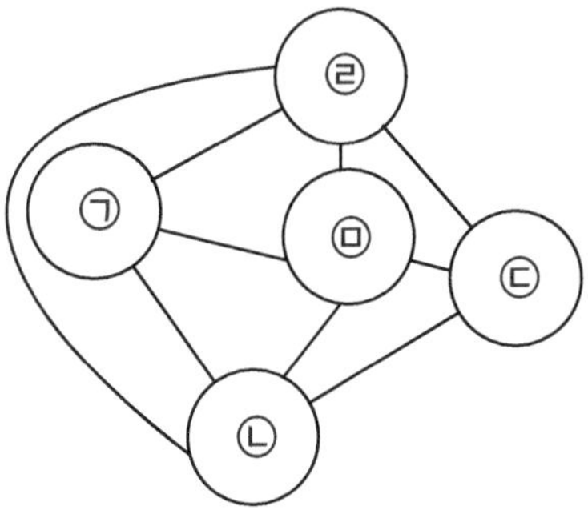

① 위의 그림과 같이 각 영역을 ㉠, ㉡, ㉢, ㉣, ㉤ 라고 한 후 각 영역과 연결되어 있는 영역을 적어보면 다음과 같습니다.
㉠과 연결된 영역 : ㉡, ㉣ ㉤
㉡과 연결된 영역 : ㉠, ㉢, ㉣, ㉤
㉢과 연결된 영역 : ㉡, ㉣, ㉤
㉣ 과 연결된 영역 : ㉠, ㉡, ㉢, ㉥
㉤ 과 연결된 영역 : ㉠, ㉡, ㉢, ㉣

② ㉠ - ㉢ 을 제외한 영역은 서로 연결되어 있습니다.
이를 참고해서 영역을 색칠하면 다음과 같이 최소 4개의 색이 필요합니다.

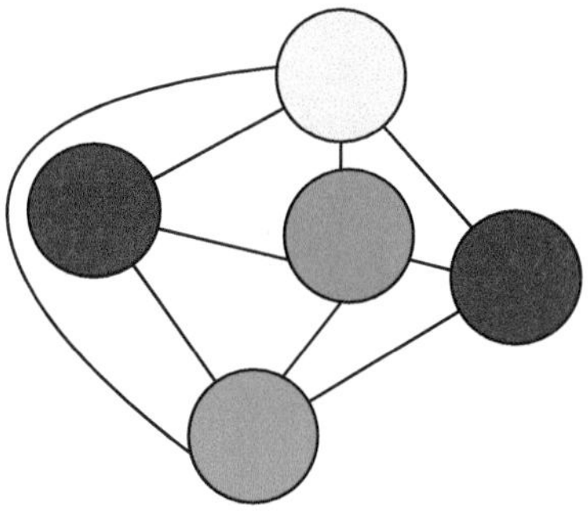

〈정답〉

연습문제 04 .... P. 69

[정답] 12가지

[풀이 과정]

① 1개의 색으로는 서로 인접한 영역을 다른 색이 되도록 칠할 수 없습니다.

② 3개의 색 중 2개의 색을 이용해 칠하는 방법은 아래와 같이 2가지입니다.

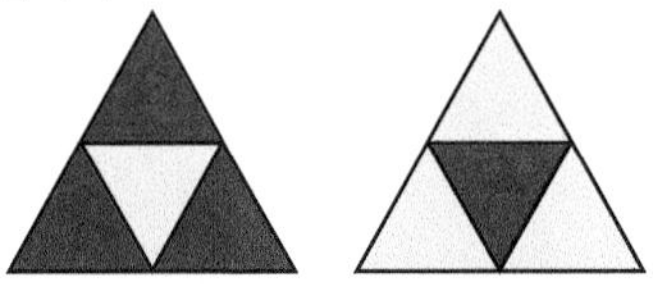

빨강, 노랑, 초록 3개의 색 중 2개의 색을 뽑는 경우는 (빨강, 노랑), (빨강, 초록), (노랑, 초록) 3가지입니다. 따라서 경우의 수는 3 × 2 = 6가지입니다.

③ 3개의 색 모두를 이용해 색칠하면 그 중 1개의 색은 2개의 영역에 색칠되게 되고 칠하는 방법은 아래와 같이 2가지입니다.

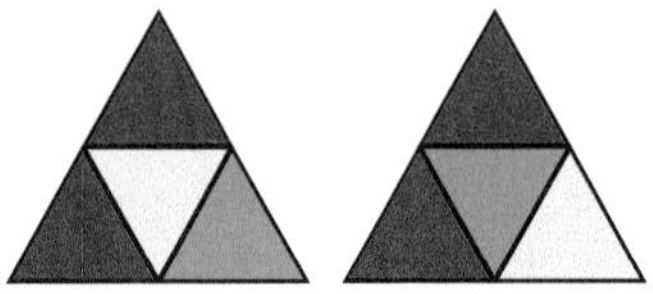

2개의 영역에 색칠하는 색을 뽑는 방법은 3가지 이므로 경우의 수는 3 × 2 = 6가지입니다.

④ 따라서 총 경우의 수는 6 + 6 = 12가지입니다. (정답)

연습문제 05 .... P. 70

[정답] 24가지

[풀이 과정]

① 서로 인접한 영역은 다른 색을 칠하기 위해선 최소 3개의 색이 필요합니다. ⓐ, ⓑ, ⓒ 3개의 색으로 칠하는 방법은 아래와 같이 3가지입니다.

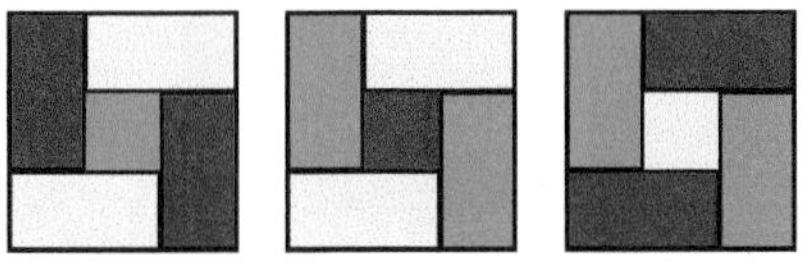

ⓐ, ⓑ, ⓒ, ⓓ 4개의 색 중 3개의 색을 뽑는 경우의 수는 (ⓐ, ⓑ, ⓒ), (ⓐ, ⓑ, ⓓ), (ⓐ, ⓒ, ⓓ), (ⓑ, ⓒ, ⓓ) 4가지입니다. 따라서 경우의 수는 4 × 3 = 12가지입니다.

② ⓐ, ⓑ, ⓒ, ⓓ 4개의 색을 모두 이용하면 1개의 색은 2개의 영역에 칠해지고 칠하는 방법은 아래와 같이 3가지입니다.

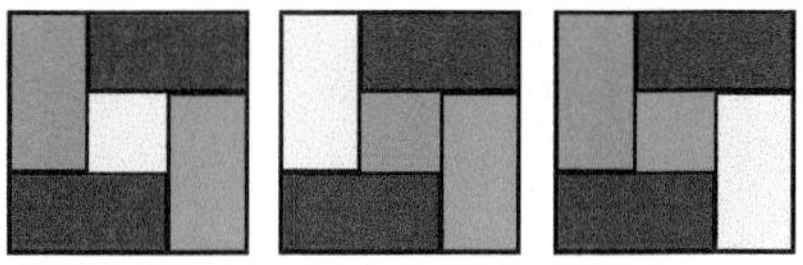

4개의 색 중 2개의 영역에 칠하는 색을 뽑는 경우의 수는 4가지입니다. 따라서 경우의 수는 4 × 3 = 12가지입니다.

③ 따라서 총 경우의 수는 12 + 12 = 24가지입니다. (정답)

연습문제 06 P. 70

[정답] 5가지

[풀이 과정]

① 2개의 색 중 1개의 색을 이용해서 칠하는 방법은 아래와 같이 2가지입니다.

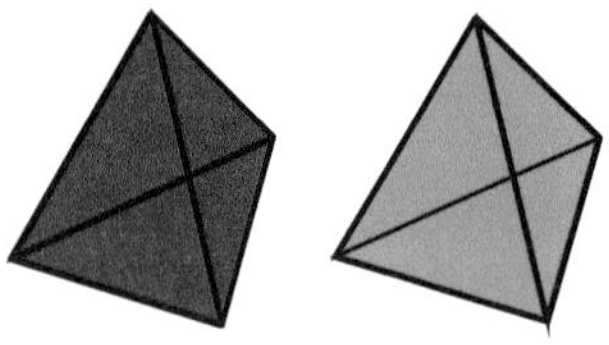

② 2개의 색을 모두 이용해서 칠하는 방법은 아래와 같이 3가지입니다.

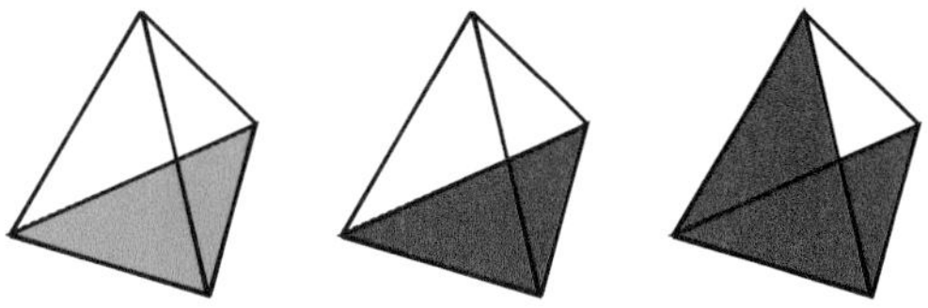

(파랑 1면, 빨강 3면) (빨강 1면, 파랑 3면) (빨강 2면, 파랑 2면)

③ 따라서 총 경우의 수는 2 + 3 = 5가지입니다. (정답)

연습문제 07 P. 71

[정답] 75가지

[풀이 과정]

① 5개의 색 중 1가지 색만을 이용해 3개의 영역을 칠하는 경우의 수는 아래와 같이 1가지입니다.

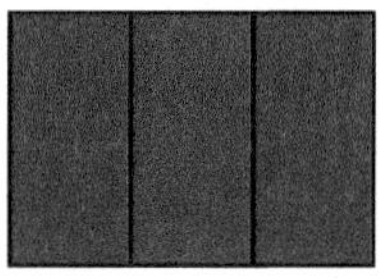

5개의 색 중 1가지 색을 뽑는 경우는 5가지이므로 경우의 수는 5 × 1 = 5가지입니다.

② 5개의 색 중 2가지 색을 이용해 3개의 영역을 칠하는 경우의 수는 아래와 같이 4가지입니다.

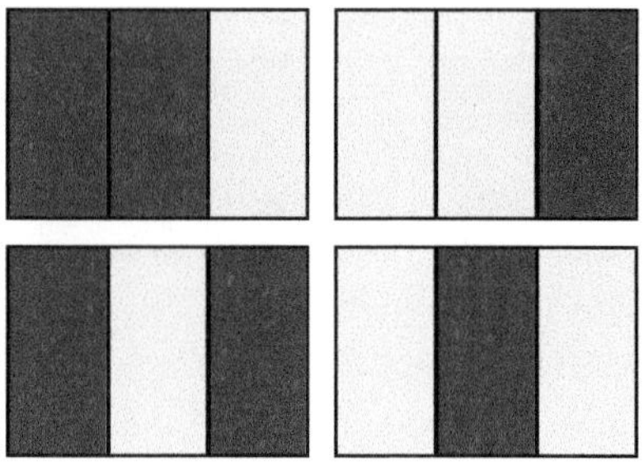

5개의 색 중 2가지 색을 뽑는 경우의 수는 5 × 4 ÷ 2 = 10가지이므로 경우의 수는 10 × 4 = 40가지입니다.

③ 5개의 색 중 3가지 색을 이용해 3개의 영역을 칠하는 경우의 수는 아래와 같이 3가지입니다.

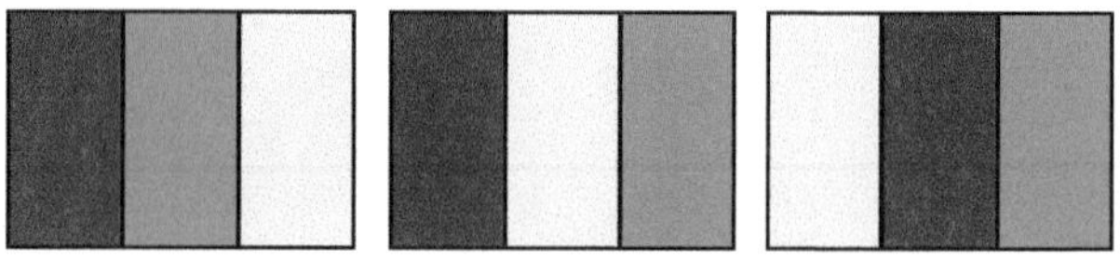

5개의 색 중 3가지 색을 뽑는 경우의 수는 (5 × 4 × 3) ÷ (3 × 2 × 1) = 10가지이므로 경우의 수는 10 × 3 = 30가지입니다.

④ 따라서 총 경우의 수는 5 + 40 + 30 = 75가지입니다. (정답)

연습문제 08 P. 71

[정답] 18가지

[풀이 과정]

① 아래의 그림에서 ㉠, ㉡, ㉢ 영역은 서로 연결되어 있으므로 연결된 원을 서로 다른 색으로 칠하기 위해선 최소 3개의 색이 필요합니다.

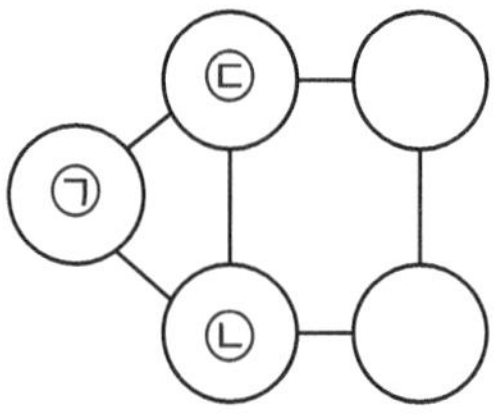

② 3개의 색을 이용해서 연결된 원을 서로 다른 색으로 칠하면 2개의 색은 두 개의 원에 색칠되고 1개의 색은 한 개의 원에 색칠됩니다.

③ 3개의 색이 빨강, 노랑, 초록일 때, 빨강을 1개의 원에 색칠하는 방법은 아래의 그림과 같이 6가지입니다.

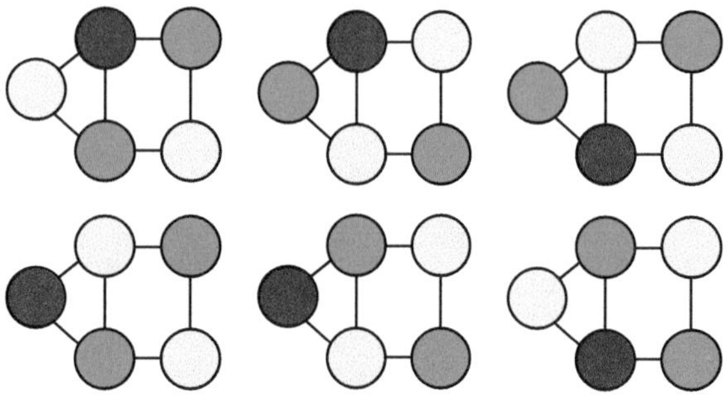

④ 1개의 원에 색칠하는 색을 뽑는 경우의 수는 빨강, 노랑, 초록 총 3가지입니다. 따라서 총 경우의 수는 6 × 3 = 18가지입니다. (정답)

심화문제 01 ······························· P. 72

[정답] 54가지

[풀이 과정]

① 서로 인접한 영역은 다른 색을 칠하기 위해선 적어도 2개의 색이 필요합니다.

② 2개의 색을 이용해 칠하는 방법은 아래와 같이 1가지입니다. 회전 했을 때 같은 경우는 한가지입니다.

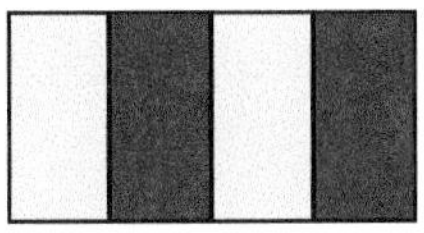

4개의 색 중 2개의 색을 뽑는 방법은 $4 \times 3 \div 2 = 6$가지이므로 경우의 수는 $6 \times 1 = 6$가지입니다.

③ 3개의 색을 이용해서 칠하면 1개의 색은 두 영역에 칠해지게 되며 칠하는 방법은 아래와 같이 3가지입니다.

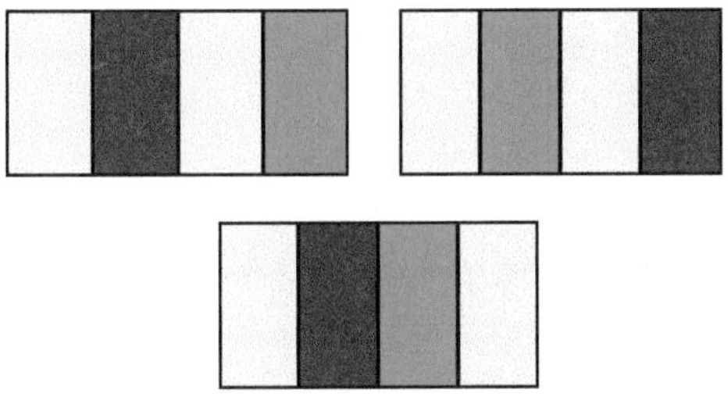

4개의 색 중 3개의 색을 뽑는 방법은 $(4 \times 3 \times 2) \div (3 \times 2 \times 1) = 4$가지 이고 그 중 두 영역에 칠해지는 색을 뽑는 경우의 수는 3가지 이므로 총 경우의 수는 $3 \times 4 \times 3 = 36$가지입니다.

④ 4개의 색을 이용해서 칠하는 방법은 아래와 같이 12가지입니다.

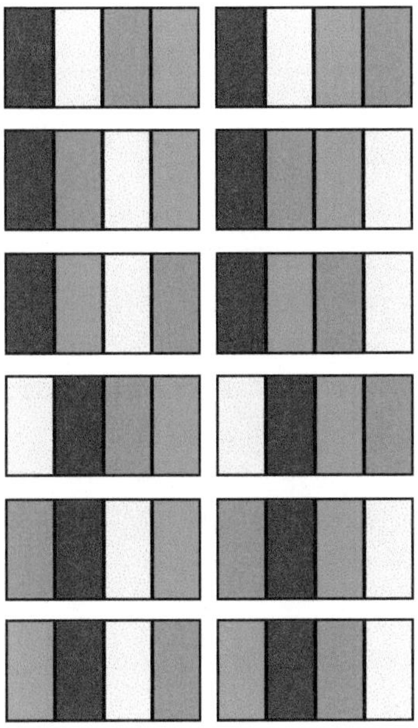

⑤ 따라서 총 경우의 수는 $6 + 36 + 12 = 54$가지입니다. (정답)

심화문제 02 ······························· P. 73

[정답] 27가지

[풀이 과정]

① 변이 맞닿는 영역을 서로 다른 색으로 칠하기 위해선 최소 2개의 색이 필요합니다. 빨강은 반드시 3번 사용해야 하므로 나머지 색 중 1가지, 2가지, 3가지 사용하는 경우로 나누어서 경우의 수를 구합니다.

② 빨강을 제외한 3개의 색 중 1가지 색을 이용하는 경우 칠하는 방법은 아래와 같이 1가지입니다.

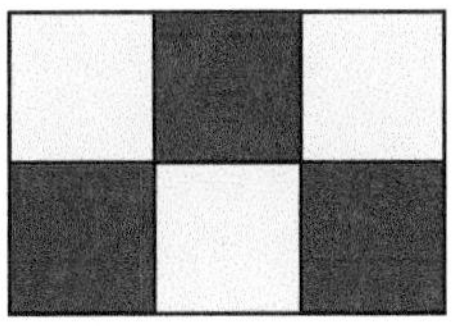

3가지 색 중 1가지 색을 뽑는 경우는 3가지 이므로 경우의 수는 $3 \times 1 = 3$가지입니다.

③ 빨강을 제외한 3개의 색 중 2가지 색을 이용하는 경우 칠하는 방법은 아래와 같이 6가지입니다.

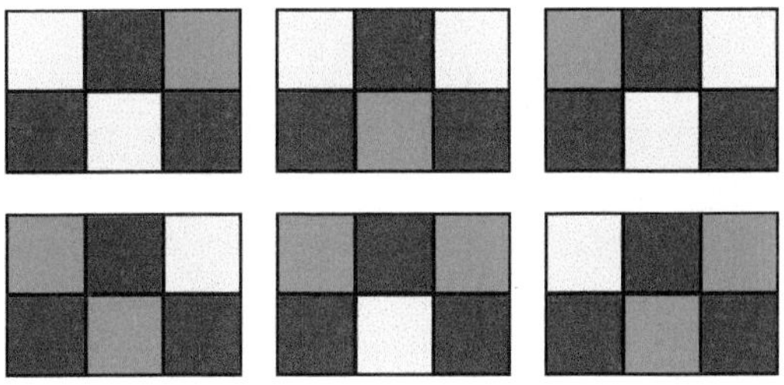

3개의 색 중 2개의 색을 뽑는 경우의 수는 3가지입니다. 따라서 경우의 수는 $3 \times 6 = 18$가지입니다.

④ 모든 색을 사용하는 경우 칠하는 방법은 아래와 같이 6가지입니다.

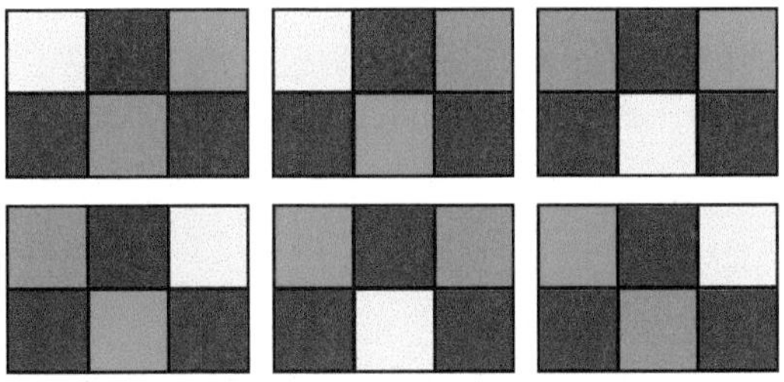

⑤ 따라서 총 경우의 수는 $3 + 18 + 6 = 27$가지입니다. (정답)

심화문제 03 P. 74

[정답] 360가지

[풀이 과정]

① 아래의 그림과 같이 6개의 영역을 각각 ㉠, ㉡, ㉢, ㉣, ㉤, ㉥ 라고 하면 서로 다른 6개의 색을 한 번씩 칠하는 경우의 수는 6 × 5 × 4 × 3 × 2 × 1 = 720가지입니다.

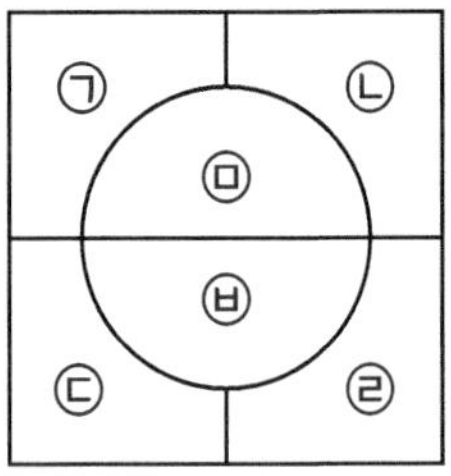

② 720가지 중 중복되는 경우를 찾아보도록 합니다. 아래와 같은 두 경우는 회전하면 서로 같은 경우가 됩니다.

경우 1 : ㉠ - 빨강 , ㉡ - 노랑 , ㉢ - 파랑 , ㉣ - 분홍 , ㉤ - 초록 , ㉥ - 하늘

경우 2 : ㉠ - 분홍 , ㉡ - 파랑 , ㉢ - 노랑 , ㉣ - 빨강 , ㉤ - 하늘 , ㉥ - 초록

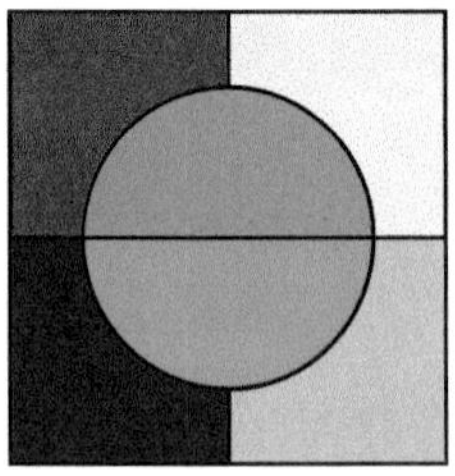
〈경우 1〉

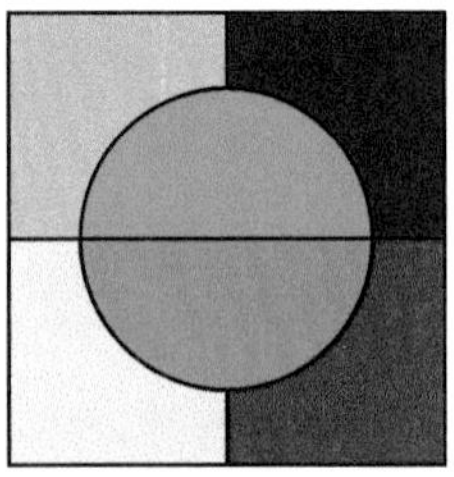
〈경우 2〉

③ 위와 같이 항상 2가지 경우는 회전했을 때 같은 경우가 되므로 720가지 중 서로 같은 경우가 360 쌍 있게 됩니다. 따라서 같은 경우를 한 가지로 생각하면 총 경우의 수는 720 ÷ 2 = 360가지입니다. (정답)

심화문제 04 P. 75

[정답] 30가지

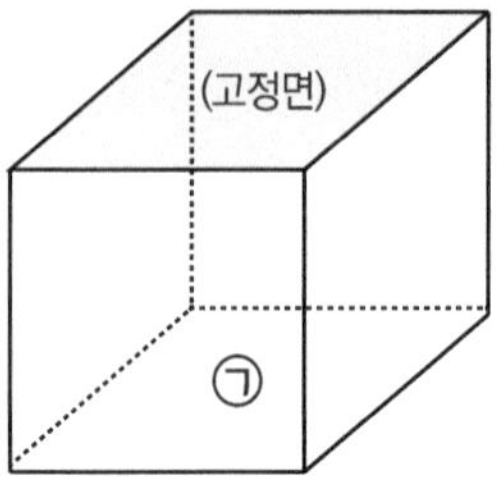

〈그림 1〉

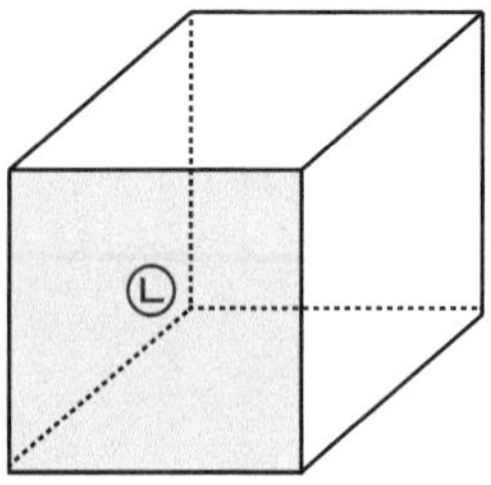

〈그림 2〉

[풀이 과정 1]

① 정육면체는 회전하거나 돌리면 서로 같은 경우가 나올 수 있습니다. 서로 같은 경우를 방지하기 위해 〈그림 1〉과 같이 1개의 면에 1개의 색을 고정시켜 놓도록 합니다.

② 1개의 색을 고정시켜 놓은 면과 맞은 편에 있는 ㉠ 면에는 고정시켜 놓은 1개의 색을 제외한 나머지 5개의 색이 들어갈 수 있습니다.
→ 경우의 수 : 5가지

③ 남은 4개의 색은 4개의 옆면에 칠해져야 합니다. 이때도 회전할 경우 서로 같아지는 경우가 나올 수 있으므로 1개의 옆면 ㉡ 에 1개의 색을 고정시켜 놓도록 합니다.
남은 3개의 면에 3개의 색을 칠하는 경우의 수는 3 × 2 × 1 = 6가지 입니다.

④ 따라서 정육면체의 6개의 면에 서로 다른 6개의 색을 칠하는 총 경우의 수는 5 × 6 = 30가지입니다. (정답)

[풀이과정 2]

① 정육면체는 회전하거나 돌리면 서로 같은 경우가 나올 수 있습니다. 서로 같은 경우를 방지하기 위해 〈그림 1〉과 같이 1개의 면에 1개의 색을 고정시켜 놓도록 합니다.

② 1개의 색을 고정시켜 놓은 면을 제외한 5개의 면에 5개의 색을 칠하는 방법은 5 × 4 × 3 × 2 × 1 = 120가지입니다.
→ 경우의 수 : 120가지

③ 〈그림 1〉 에서 1개의 색을 고정시켜 놓은 회색 면과 그 맞은 편 ㉠ 을 밑면, 윗면으로 하고 옆으로 돌리면 옆면에서는 돌렸을 때 서로 같은 경우가 4가지씩 나오게 됩니다.
예를 들면, 〈그림 2〉 에서 ㉡ 면을 기준으로 시계방향으로 (빨, 주, 노, 초) 로 색을 칠한 경우와 (초, 빨, 주, 노) 로 칠한 경우는 돌리면 같은 경우가 됩니다.

④ 따라서 돌렸을 때 같은 경우를 한 가지로 본다면 120 ÷ 4 = 30 이므로 총 경우의 수는 30가지가 됩니다. (정답)

창의적문제해결수학 01 .... P. 76

[정답] 240가지

[풀이 과정]

① 아래의 그림과 같이 5개의 영역을 각각 ㉠, ㉡, ㉢, ㉣, ㉤ 라고 하고 회전을 생각하지 않으므로 이를 일렬로 편 [㉠|㉡|㉢|㉣|㉤] 에 색을 칠하는 것으로 바꿔서 생각해보도록 합니다.

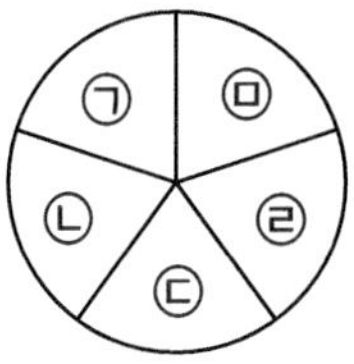

② 5개의 칸을 4개의 색으로 칠할 때 ㉠과 ㉤에는 서로 다른 색이 들어갈 경우의 수를 구하는 것과 같게되고 이를 구하기 위해 이보다 칸이 적은 경우를 순차적으로 먼저 생각해 보도록 합니다.

③ [㉠|㉡|㉢|㉣] 를 4개의 색을 이용해 칠할 때, 서로 인접한 영역에 다른 색을 칠하는 경우의 수는 4 × 3 × 3 × 3 = 108가지입니다. 이 108가지는 (1) ㉠과 ㉣에 같은 색을 칠한 경우 와 (2) ㉠과 ㉣에 다른 색을 칠한 경우가 모두 포함되어 있습니다.
108 = ((1) 의 경우의 수) + ((2) 의 경우의 수)
㉠과 ㉣에 같은 색을 칠하면서 서로 인접한 영역에 다른 색을 칠하는 경우의 수는 4 × 3 × 2 = 24가지입니다. 따라서 ((2) ㉠과 ㉣에 다른 색을 칠한 경우의 수) 는 108 - 24 = 84가지입니다.

④ [㉠|㉡|㉢|㉣|㉤] 를 4개의 색을 이용해 칠할 때, 서로 인접한 영역에 다른 색을 칠하는 경우의 수는 4 × 3 × 3 × 3 × 3 = 324가지입니다. 이 324가지는 (3) ㉠과 ㉤에 같은 색을 칠한 경우 와 (4) ㉠과 ㉤에 다른 색을 칠한 경우가 모두 포함되어 있습니다.
324 = ((3) 의 경우의 수) + ((4) 의 경우의 수)
이 중 ((3) 의 경우의 수) 와 ((2) 의 경우의 수) 의 ㉣ 칸 뒤의 ㉤에 ㉠과 같은 색을 칠하기만 하면 되므로 경우의 수가 같습니다. 따라서 (3) ㉠과 ㉤에 같은 색을 칠한 경우의 수 = 84가지입니다.
따라서 ((4) ㉠과 ㉤에 다른 색을 칠한 경우의 수) 는 324 - 84 = 240가지입니다. (정답)

창의적문제해결수학 02 .... P. 77

[정답] 풀이 과정 참조

[풀이 과정]

① 무우, 상상이, 알알이, 제이 모두 가고 싶은 장소는 3군데입니다. 따라서 가고 싶은 곳을 모두 관광하기 위해선 최소한 3시간이 필요합니다.

② 아래와 같이 서로 묶어서 관광을 하면 정확히 3시간만에 각자 볼 곳을 모두 보고 다시 모일 수 있습니다.

	무우	상상	알알	제이
성 미하엘 교회	O		O	O
마리아 광장		O	O	
레지덴츠 궁전	O	O		
님펜부르크 궁전			O	O
올림픽 공원		O		
다하우 강제 수용소 기념관	O			O

1시 ~ 2시	무우, 알알, 제이 → 성 미하엘 교회 / 상상 → 올림픽 공원
2시 ~ 3시	무우, 상상 → 레지덴츠 궁전 / 알알, 제이 → 님펜부르크 궁전
3시 ~ 4시	무우, 제이 → 다하우 강제 수용소 기념관 / 상상, 알알 → 마리아 광장

시간대에 명소를 배치하는 것에 따라 정답은 여러 가지가 나올 수 있습니다.

5. 확률

대표문제1 확인하기 ······ P. 83

[정답] $\frac{1}{3}$, $\frac{1}{30}$

[풀이 과정]

① 아래의 표와 같이 4번째에 D를 고정시켜 놓은 후 1, 2, 3, 5, 6번째에 A, B, C, E, F를 나열하는 경우의 수를 생각합니다.

			D		

A, B, C, E, F를 일렬로 나열하는 경우의 수는
$5 \times 4 \times 3 \times 2 \times 1 = 120$가지입니다.

총 경우의 수는 $6 \times 5 \times 4 \times 3 \times 2 \times 1 = 720$가지 이므로 랜덤하게 뽑아서 6 군데 모두를 돌아보는 경로를 정할 때 4번째에 D를 갈 확률은 $\frac{1}{6}$ 입니다.

4번째에 E를 갈 확률도 위와 마찬가지의 이유로 $\frac{1}{6}$ 입니다.
4번째에 D 또는 E를 가는 경우는 동시에 일어날 수 없습니다. 따라서 합의 법칙에 따라 확률은

$\frac{1}{6} + \frac{1}{6} = \frac{1}{3}$ 입니다.

② 아래의 표와 같이 1번째에 D를 가고 6번째에 B를 고정시켜놓은 후 2, 3, 4, 5번재에 A, C, E, F를 나열하는 경우의 수를 생각합니다. → $4 \times 3 \times 2 \times 1 = 24$가지

총 경우의 수는 720가지이므로 확률은 $\frac{24}{720} = \frac{1}{30}$ 입니다.

D					B

대표문제2 확인하기 1 ······ P. 85

[정답] $\frac{8}{27}$

[풀이 과정]

① ㉠, ㉡, ㉢ 역에서 정차할 확률이 각각 $\frac{1}{3}$ 입니다. 원래의 도착예정시간에 ㉣ 역에 도착하기 위해서는 모든 역에서 정차를 하지 않아야 합니다.
각 역에서 정차하지 않을 확률은 $\frac{2}{3}$ 이므로 원래의 도착예정시간에 도착할 확률은 $\frac{2}{3} \times \frac{2}{3} \times \frac{2}{3} = \frac{8}{27}$ 입니다.

대표문제2 확인하기 2 ······ P. 85

[정답] $\frac{13}{27}$

[풀이 과정]

① ㉠, ㉡, ㉢ 역을 지나서 ㉣ 역에 도착할 때, 나올 수 있는 경우는 다음과 같습니다.
i. 도착예정시간에 도착
ii. 30초 지연된 후 도착
iii. 1분 지연된 후 도착
iv. 1분 30초 지연된 후 도착

② 문제에서 1분 지연될 확률은 $\frac{2}{9}$, 지연되지 않을 확률은 $\frac{8}{27}$ 이므로 그 이외인 30초 또는 1분 30초 늦게 ㉣ 역에 도착할 확률은

$1 - \frac{2}{9} - \frac{8}{27} = \frac{13}{27}$ 입니다.

연습문제 01 ······ P. 86

[정답] $\frac{1}{32}$

[풀이 과정]

① 주사위를 한 번 던질 때, 짝수가 나올 확률과 홀수가 나올 확률을 모두 $\frac{1}{2}$ 로 같습니다.

② 무우, 상상이, 무우, 상상이, … 이러한 순서로 던질 때 무우가 3번째로 던질 때 게임에서 이기기 위해서는 그 전에 던진 2번과 상상이가 던진 2번은 모두 홀수가 나와야 합니다. 이는 (홀수, 홀수, 홀수, 홀수, 짝수) 인 경우로 1가지뿐입니다.

③ (무우, 상상, 무우, 상상, 무우) 의 순서로 던지고 각 경우에는 홀수와 짝수가 나올 수 있으므로 총 경우의 수는 $2 \times 2 \times 2 \times 2 \times 2 = 32$가지입니다.

④ 따라서 무우가 3번째로 던질 때 게임에서 이길 확률은 $\frac{1}{32}$ 입니다. (정답)

연습문제 02 .... P. 86

[정답] $\frac{15}{128}$

[풀이 과정]

① 동전은 한 번 던질 때, 앞면 또는 뒷면 총 2가지 경우가 나오게 됩니다.
따라서 동전을 10번 던진다면 나올 수 있는 총 경우의 수는 $2 \times 2 \times 2 \times 2 \times 2 \times 2 \times 2 \times 2 \times 2 \times 2 = 1024$가지입니다.

② 이 중 앞면이 3번이 나온다면 뒷면은 7번이 나온 것입니다. (앞면, 앞면, 앞면, 뒷면, 뒷면, 뒷면, 뒷면, 뒷면, 뒷면, 뒷면)을 일렬로 배치하는 경우의 수를 구하도록 합니다.
앞면 3개, 뒷면 7개를 일렬로 나열하는 경우의 수는 $(10 \times 9 \times 8 \times \cdots \times 2 \times 1)$가지입니다.
앞면끼리와 뒷면끼리는 서로 자리를 바꿔도 나열은 그대로이므로 이 경우를 한 가지로 보기 위해선 앞면 3개를 나열하는 경우의 수와 뒷면 7개를 나열하는 경우의 수를 나누어줘야 합니다.
앞면 3개를 나열하는 경우의 수 : $(3 \times 2 \times 1)$가지
뒷면 7개를 나열하는 경우의 수 : $(7 \times 6 \times \cdots \times 2 \times 1)$가지
따라서 $(10 \times 9 \times 8 \times \cdots \times 2 \times 1) \div \{(7 \times 6 \times \cdots \times 2 \times 1) \times (3 \times 2 \times 1)\} = 120$ 이므로 앞면이 3번 나올 경우의 수는 120가지입니다.

③ 따라서 동전을 10번 던져서 앞면이 3번 나올 확률은 $\frac{120}{1024} = \frac{15}{128}$ 입니다. (정답)

연습문제 03 .... P. 86

[정답] $\frac{14}{27}$

[풀이 과정]

① 가위바위보를 할 때, 한 사람이 낼 수 있는 경우의 수는 가위, 바위, 보 총 3가지입니다.
따라서 4명이 가위바위보 게임을 하면 나올 수 있는 총 경우의 수는 $3 \times 3 \times 3 \times 3 = 81$가지입니다.

② 4명이 가위바위보 게임을 할 때 비기는 경우는 다음과 같습니다.

i. 모두 같은 걸 내는 경우 : (가위, 가위, 가위, 가위), (바위, 바위, 바위, 바위), (보, 보, 보, 보) 총 3가지

ii. 2명은 같은 걸 내고 나머지 2명은 각각 나머지 2개를 내는 경우 (가위, 가위, 바위, 보)를 일렬로 나열하는 경우의 수는 $4 \times 3 \times 2 \div 2 = 12$가지입니다.
바위를 2명 낼 경우와 보를 2명 낼 경우도 마찬가지로 각각 12가지씩이므로 총 $12 \times 3 = 36$가지입니다.

→ 따라서 4명이 가위바위보 할 때 비기는 경우는 $3 + 36 = 39$가지입니다.

③ 비기는 경우가 아니라면 반드시 승자와 패자가 결정되게 됩니다.
총 경우의 수가 81가지, 비기는 경우가 39가지 이므로 가위바위보에서 비길 확률은 $\frac{39}{81}$ 입니다.
따라서 가위바위보 게임을 할 때 승자와 패자가 결정될 확률은 $1 - \frac{39}{81} = \frac{42}{81} = \frac{14}{27}$ 입니다. (정답)

연습문제 04 .... P. 87

[정답] $\frac{1}{35}$

[풀이 과정]

① 항아리에는 검은 공 2개, 파란 공 3개, 빨간 공 2개 총 7개의 공이 들어있습니다. 이 7개의 공 중 3개의 공을 순서를 생각하지 않고 뽑는 경우의 수는
$(7 \times 6 \times 5) \div (3 \times 2 \times 1) = 35$가지입니다.

② 3개의 공이 모두 파란 공일 경우는 (파란 공, 파란 공, 파란 공) 1가지 뿐입니다.

③ 따라서 항아리에서 3개의 공을 꺼낼 때, 꺼낸 공이 모두 파란 공일 확률은 $\frac{1}{35}$ 입니다. (정답)

연습문제 05 .... P. 87

[정답] $\frac{2}{3}$

[풀이 과정]

① a, b, c 총 세 권의 책을 A, B, C 의 위치에 각각 1 권씩 놓는 총 경우의 수는 $3 \times 2 \times 1 = 6$가지입니다.

② 책들을 아무렇게나 갖다 놓을 때, 모든 책이 정상적인 위치에 있지 않을 경우를 구해서 전체 확률인 1에서 빼주도록 합니다.
모든 책이 정상적인 위치에 있지 않을 경우는 아래와 같이 2가지입니다.

A	B	C
c	a	b

A	B	C
b	c	a

③ 모든 책이 정상적인 위치에 있지 않을 경우는 $\frac{2}{6} = \frac{1}{3}$ 입니다.
따라서 적어도 한권의 책이 정상적인 위치에 있을 확률은 $1 - \frac{1}{3} = \frac{2}{3}$ 입니다. (정답)

연습문제 06 P. 88

[정답] $\frac{59}{192}$

[풀이 과정]

① 비가 온 어느 날의 3일 후에 비가 올 경우는 아래와 같습니다.

i.

오늘	1일 후	2일 후	3일 후
비	비	비	비

일 경우 : 비가 온 날의 다음 날 비가 올 확률이 $\frac{1}{4}$ 이므로 확률은 다음과 같습니다.

$\rightarrow \frac{1}{4} \times \frac{1}{4} \times \frac{1}{4} = \frac{1}{64}$

ii.

오늘	1일 후	2일 후	3일 후
비	맑음	비	비

일 경우 : 비가 오지 않은 날의 다음 날 비가 올 확률이 $\frac{1}{3}$ 이므로 확률은 다음과 같습니다.

$\rightarrow \frac{3}{4} \times \frac{1}{3} \times \frac{1}{4} = \frac{1}{16}$

iii.

오늘	1일 후	2일 후	3일 후
비	비	맑음	비

일 경우 : 확률은 ii. 와 같이 $\frac{1}{16}$ 입니다.

iv.

오늘	1일 후	2일 후	3일 후
비	맑음	맑음	비

일 경우 : 확률은 다음과 같습니다.

$\rightarrow \frac{3}{4} \times \frac{2}{3} \times \frac{1}{3} = \frac{1}{6}$

② 따라서 비가 온 날의 3일 후에 비가 올 확률은

$\frac{1}{64} + \frac{1}{16} + \frac{1}{16} + \frac{1}{6} = \frac{59}{192}$ (정답)

연습문제 07 P. 88

[정답] $\frac{6}{7}$

[풀이 과정]

① 남자 4명, 여자 3명 총 7명 중 3명을 순서를 생각하지 않고 뽑는 경우의 수는 $(7 \times 6 \times 5) \div (3 \times 2 \times 1) = 35$가지입니다.

② 뽑힌 3명 중 남자와 여자가 모두 있는 경우는 다음과 같습니다.

i. 남자 2명, 여자 1명을 뽑을 경우의수 : (남자 4명 중 2명을 뽑을 경우의 수) × (여자 3명 중 1명을 뽑을 경우의 수) = $6 \times 3 = 18$가지

ii. 남자 1명, 여자 2명을 뽑을 경우의 수 : (남자 4명 중 1명을 뽑을 경우의 수) × (여자 3명 중 2명을 뽑을 경우의 수) = $4 \times 3 = 12$가지

총 경우의 수는 $18 + 12 = 30$가지입니다.

③ 따라서 남자 4명, 여자 3명 중 3명을 뽑을 때, 남자와 여자가 모두 뽑힐 확률은 $\frac{30}{35} = \frac{6}{7}$ 입니다. (정답)

연습문제 08 P. 88

[정답] $\frac{3}{4}$

[풀이 과정]

① 주사위를 2번 던져 나온 두 수를 곱했을 때, 짝수가 되는 경우는 두 수가 (짝수, 짝수), (짝수, 홀수), (홀수, 짝수) 일 경우이고 홀수가 되는 경우는 두 수가 (홀수, 홀수) 인 경우입니다.

② 주사위를 던져서 홀수가 나올 확률은 $\frac{1}{2}$ 입니다. 따라서 2번 던졌을 때, 두 수가 모두 홀수일 확률은 $\frac{1}{2} \times \frac{1}{2} = \frac{1}{4}$ 입니다.

③ 두 수가 모두 홀수일 때는 곱한 수가 홀수가 되므로 제이가 이기는 경우입니다. 따라서 제이가 이길 확률이 $\frac{1}{4}$ 이므로 알알이가 이길 확률은 $\frac{3}{4}$ 입니다. (정답)

연습문제 09 P. 89

[정답] $\frac{7}{20}$

[풀이 과정]

① 6개의 선분 중 3개의 선분을 순서 상관없이 뽑는 경우의 수는 $(6 \times 5 \times 4) \div (3 \times 2 \times 1) = 20$가지입니다.

② 3개의 선분을 뽑았을 때, 이 선분들이 삼각형이 되는 경우는 두 선분의 길이의 합이 나머지 한 변의 길이보다 큰 경우 이므로 아래와 같습니다.

(2, 3, 4), (2, 4, 5), (2, 5, 6), (3, 4, 5), (3, 4, 6), (3, 5, 6), (4, 5, 6) → 총 7가지

③ 따라서 3개의 선분을 뽑았을 때, 이 선분들로 삼각형을 만들 수 있을 확률은 $\frac{7}{20}$ 입니다. (정답)

연습문제 10 ...... P. 89

[정답] $\frac{206}{243}$

[풀이 과정]

① 3, 5, 8 각 구역에 다트가 맞을 확률은 같습니다. 5개의 다트를 던져서 나올 수 있는 경우의 수는 $3 \times 3 \times 3 \times 3 \times 3 = 243$가지입니다.

② 5개의 다트를 던져서 나온 수를 모두 곱했을 때 짝수가 되기 위해선 적어도 한 개의 수는 짝수가 되어야 합니다. 각 경우를 나누면 다음과 같습니다.

i. 8이 1번 나올 경우

ⓐ 3이 4번, 8이 1번 나올 경우 : (3, 3, 3, 3, 8)을 나열하는 경우의 수는 5가지입니다.
하지만 이 경우는 5개의 수의 곱이 1000 보다 작게 됩니다.

ⓑ 3이 3번, 5가 1번, 8이 1번 나올 경우 : (3, 3, 3, 5, 8)을 나열하는 경우의 수는 20가지입니다.

ⓒ 3이 2번, 5가 2번, 8이 1번 나올 경우 : (3, 3, 5, 5, 8)을 나열하는 경우의 수는 30가지입니다.

ⓓ 3이 1번, 5가 3번, 8이 1번 나올 경우 : (3, 5, 5, 5, 8)을 나열하는 경우의 수는 20가지입니다.

ⓔ 5가 4번, 8이 1번 나올경우 : (5, 5, 5, 5, 8)을 나열하는 경우의 수는 5가지입니다.

따라서 총 경우의 수는 $20 + 30 + 20 + 5 = 75$가지입니다.

ii. 8이 2번 나올 경우

ⓐ 3이 3번, 8이 2번 나올 경우 : (3, 3, 3, 8, 8) 을 나열하는 경우의 수는 10가지입니다.

ⓑ 3이 2번, 5가 1번, 8이 2번 나올 경우 : (3, 3, 5, 8, 8) 을 나열하는 경우의 수는 30가지입니다.

ⓒ 3이 1번, 5가 2번, 8이 2번 나올 경우 : (3, 5, 5, 8, 8) 을 나열하는 경우의 수는 30가지입니다.

ⓓ 5가 3번, 8이 2번 나올 경우 : (5, 5, 5, 8, 8) 을 나열하는 경우의 수는 10가지입니다.

따라서 총 경우의 수는 $10 + 30 + 30 + 10 = 80$가지입니다.

iii. 8이 3번 나올 경우

ⓐ 3이 2번, 8이 3번 나올 경우 : (3, 3, 8, 8, 8) 을 나열하는 경우의 수는 10가지입니다.

ⓑ 3이 1번, 5가 1번, 8이 3번 나올 경우 : (3, 5, 8, 8, 8) 을 나열하는 경우의 수는 20가지입니다.

ⓒ iii. 5가 2번, 8이 3번 나올 경우 : (5, 5, 8, 8, 8) 을 나열하는 경우의 수는 10가지입니다.
따라서 총 경우의 수는 $10 + 20 + 10 = 40$가지입니다.

iv. 8이 4번 나올 경우

ⓐ 3이 1번, 8이 4번 나올 경우 : (3, 8, 8, 8, 8) 을 나열하는 경우의 수는 5가지입니다.

ⓑ 5가 1번, 8이 4번 나올 경우 : (5, 8, 8, 8, 8) 을 나열하는 경우의 수는 5가지입니다.
따라서 총 경우의 수는 $5 + 5 = 10$가지입니다.

v. 8이 5번 나올 경우는 1가지입니다.

③ 따라서 5개의 수를 곱했을 때 1000 보다 큰 짝수가 되는 경우의 수는 총 $75 + 80 + 40 + 10 + 1 = 206$가지입니다.
따라서 확률은 $\frac{206}{243}$ 입니다.

심화문제 01 ...... P. 90

[정답] ① $\frac{7}{16}$ ② $\frac{32}{81}$

[풀이 과정]

① 하나의 윷을 던져서 등면이 나올 확률과 배면이 나올 확률이 같다면 각각의 확률은 $\frac{1}{2}$ 입니다.

i. 확률이 같을 때, 개가 나올 확률
개가 나오기 위해선 등면 2개, 배면 2개가 나와야 합니다.
(등면, 등면, 배면, 배면) 을 일렬로 나열하는 경우의 수는 $(4 \times 3 \times 2 \times 1) \div (2 \times 2) = 6$가지입니다.
따라서 4개의 윷을 던져서 등면 2개, 배면 2개가 나올 확률은
$6 \times \frac{1}{2} \times \frac{1}{2} \times \frac{1}{2} \times \frac{1}{2} = \frac{3}{8}$

ii. 확률이 같을 때, 윷이 나올 확률
윷이 나오기 위해선 배면이 4개가 나와야 합니다. 이 경우의 수는 1가지입니다.
따라서 4개의 윷을 던져서 배면 4개가 나올 확률은
$1 \times \frac{1}{2} \times \frac{1}{2} \times \frac{1}{2} \times \frac{1}{2} = \frac{1}{16}$
→ 따라서 개 또는 윷이 나올 확률은 $\frac{3}{8} + \frac{1}{16} = \frac{7}{16}$ 입니다.

② 하나의 윷을 던져서 등면이 나올 확률이 $\frac{1}{3}$ 이면 배면이 나올 확률은 $\frac{2}{3}$ 입니다.
걸이 나오려면 배면이 3개 등면이 1개가 되어야 합니다.
(배면, 배면, 배면, 등면)을 일렬로 나열하는 경우의 수는 $(4 \times 3 \times 2 \times 1) \div (3 \times 2 \times 1) = 4$가지입니다. 등면 확률 $\frac{1}{3}$, 배면 확률은 $(1 - \frac{1}{3}) = \frac{2}{3}$ 이므로 걸이 나올 확률은 $4 \times \frac{2}{3} \times \frac{2}{3} \times \frac{2}{3} \times \frac{1}{3} = \frac{32}{81}$ 입니다.

심화문제 02 P. 91

[정답] $\frac{13}{36}$

[풀이 과정]

① 세 개의 주사위를 던졌을 때 가장 큰 수와 가장 작은 수의 차가 2일 경우

ⅰ. 가장 큰 수가 3, 가장 작은 수가 1인 경우
(1, 1, 3), (1, 3, 1), (3, 1, 1), (1, 2, 3), (1, 3, 2), (2, 1, 3), (2, 3, 1), (3, 1, 2), (3, 2, 1), (1, 3, 3), (3, 1, 3), (3, 3, 1) → 총 12가지

ⅱ. 가장 큰 수가 4, 가장 작은 수가 2인 경우도 위와 마찬가지로 총 12가지 경우가 있습니다.

ⅲ. 가장 큰 수가 5, 가장 작은 수가 3인 경우도 위와 마찬가지로 총 12가지 경우가 있습니다.

ⅳ. 가장 큰 수가 6, 가장 작은 수가 4인 경우도 위와 마찬가지로 총 12가지 경우가 있습니다.

따라서 총 경우의 수는 12 + 12 + 12 + 12 = 48가지입니다.

② 세 개의 주사위를 던졌을 때 가장 큰 수와 가장 작은 수의 차가 5일 경우

ⅰ.(6, 6, 1) 을 나열하는 경우 : (6, 6, 1), (6, 1, 6), (1, 6, 6) → 3가지

ⅱ.(6, 5, 1) 을 나열 하는 경우 : (6, 5, 1), (6, 1, 5), (5, 6, 1), (5, 1, 6), (1, 6, 5), (1, 5, 6) → 6가지

ⅲ.(6, 4, 1), (6, 3, 1), (6, 2, 1) 을 나열하는 경우는 ⅱ. 와 마찬가지로 경우의 수는 각각 6가지입니다.

ⅳ.(6, 1, 1) 을 나열하는 경우는 ⅰ. 와 마찬가지로 경우의 수는 3가지입니다.

따라서 총 경우의 수는 3 + 6 + 6 + 6 + 6 + 3 = 30가지입니다.

③ 세 개의 주사위를 던지면 총 경우의 수는 6 × 6 × 6 = 216가지입니다.
따라서 세 개의 주사위를 던져서 나온 세 개의 수 중 가장 큰 수와 가장 작은 수의 차가 2 또는 5일 확률은
$\frac{48}{216} + \frac{30}{216} = \frac{78}{216} = \frac{13}{36}$

심화문제 03 P. 92

[정답] $\frac{19}{48}$

[풀이 과정]

① 주사위를 2번 던졌을 때, 나올 수 있는 경우의 수는 6 × 6 = 36가지이고 두 수가 같은 경우는 (1, 1), (2, 2), (3, 3), (4, 4), (5, 5), (6, 6)으로 6가지 이므로 두 수가 같을 확률은 $\frac{1}{6}$ 이고 다를 확률은 $\frac{5}{6}$ 입니다.

② 주사위를 2번 던져서 나온 2개의 수가 같을 경우
동전을 2번 던지게 되고 나올 수 있는 경우의 수는 2 × 2 = 4가지입니다.
이 중 앞면의 개수와 뒷면의 개수가 같을 경우는 (앞면, 뒷면), (뒷면, 앞면)으로 2가지입니다.
따라서 앞면의 개수와 뒷면의 개수가 같을 확률은 $\frac{1}{2}$ 입니다.
따라서 주사위를 2번 던져서 나온 2개의 수가 같을 경우 동전의 앞면과 뒷면의 개수가 같을 확률은
$\frac{1}{6} \times \frac{1}{2} = \frac{1}{12}$ 입니다.

③ 주사위를 2번 던져서 나온 2개의 수가 다를 경우
동전을 4번 던지게 되고 나올 수 있는 경우의 수는 2 × 2 × 2 × 2 = 16가지입니다.
이 중 앞면의 개수와 뒷면의 개수가 같을 경우는 (앞면, 앞면, 뒷면, 뒷면), (앞면, 뒷면, 앞면, 뒷면), (앞면, 뒷면, 뒷면, 앞면), (뒷면, 앞면, 앞면, 뒷면), (뒷면, 앞면, 뒷면, 앞면), (뒷면, 뒷면, 앞면, 앞면)으로 6가지입니다. 따라서 앞면의 개수와 뒷면의 개수가 같을 확률은
$\frac{6}{16} = \frac{3}{8}$ 입니다.
따라서 주사위를 2번 던져서 나온 2개의 수가 다를 경우 동전의 앞면과 뒷면의 개수가 같을 확률은
$\frac{5}{6} \times \frac{3}{8} = \frac{5}{16}$

④ 따라서 규칙에 따라 주사위를 2번 던졌을 때, 동전의 앞면의 개수와 뒷면의 개수가 같을 확률은
$\frac{1}{12} + \frac{5}{16} = \frac{19}{48}$ 입니다. (정답)

심화문제 04 P. 93

[정답] $\frac{25}{61}$

[풀이 과정]

① 무우는 친구네 집에 놀러가면 5번에 1번 꼴로 가방을 두고 오므로 무우가 친구네 집에 가방을 두고 올 확률은 $\frac{1}{5}$ 입니다.

② 무우는 집에 도착했을 때 가방을 두고 온 것을 확인했습니다. 따라서 총 경우의 수는 (상상이네 집에 두고온 경우), (알알이네 집에 두고온 경우), (제이네 집에 두고온 경우) 입니다.

③ 상상이네 집에 두고 왔을 확률은 $\frac{1}{5}$ 입니다.

상상이네 집에 두지 않고, 알알이네 집에 가방을 두고 왔을 확률은 $(1-\frac{1}{5}) \times \frac{1}{5} = \frac{4}{25}$ 입니다.

제이네 집에 가방을 두고 왔을 확률은

$(1-\frac{1}{5})(1-\frac{1}{5}) \times \frac{1}{5} = \frac{16}{125}$ 입니다.

④ 따라서 가방을 두고 온 것을 알았을 때, 가방을 상상이네 집에 두고 왔을 확률은 다음과 같습니다.

$$\frac{\frac{1}{5}}{\frac{1}{5}+\frac{4}{25}+\frac{16}{125}} = \frac{25}{61} \text{ (정답)}$$

창의적문제해결수학 01 P. 94

[정답] 뽑을 확률은 모두 $\frac{2}{5}$ 로 같다.

[풀이 과정]

① 1번째로 뽑는 사람이 당첨제비를 뽑을 확률은

$\frac{4}{10} = \frac{2}{5}$ 입니다.

② 2번째로 뽑는 사람이 당첨제비를 뽑을 경우는 다음과 같습니다.

i. 1번째로 뽑는 사람이 당첨되지 않고 당첨되는 경우 :

$\frac{6}{10} \times \frac{4}{9} = \frac{4}{15}$

ii. 1번째로 뽑는 사람이 당첨되고 당첨되는 경우 :

$\frac{4}{10} \times \frac{3}{9} = \frac{2}{15}$

따라서 2번째로 뽑는 사람이 당첨될 확률은

$\frac{4}{15} + \frac{2}{15} = \frac{6}{15} = \frac{2}{5}$ 입니다.

② 3번째로 뽑는 사람이 당첨제비를 뽑을 경우는 다음과 같습니다.

i. 1번째, 2번째로 뽑는 사람이 당첨되고 당첨되는 경우 :

$\frac{4}{10} \times \frac{3}{9} \times \frac{2}{8} = \frac{1}{30}$

ii. 1번째 당첨되고 2번째 당첨되지 않고 당첨되는 경우 :

$\frac{4}{10} \times \frac{6}{9} \times \frac{3}{8} = \frac{1}{10}$

iii. 1번째 당첨되지 않고 2번째 당첨되고 당첨되는 경우 :

$\frac{6}{10} \times \frac{4}{9} \times \frac{3}{8} = \frac{1}{10}$

iv. 1번째, 2번째로 뽑는 사람이 당첨되지 않고 당첨되는 경우 : $\frac{6}{10} \times \frac{5}{9} \times \frac{4}{8} = \frac{5}{30}$

따라서 3번째로 뽑는 사람이 당첨될 확률은

$\frac{1}{30} + \frac{1}{10} + \frac{1}{10} + \frac{5}{30} = \frac{12}{30} = \frac{2}{5}$ 입니다.

③ 4번째로 뽑는 사람이 당첨제비를 뽑을 경우는 다음과 같습니다.

i. 1, 2, 3번째로 뽑는 사람들이 모두 당첨되지 않고 당첨될 경우 : $\frac{6}{10} \times \frac{5}{9} \times \frac{4}{8} \times \frac{4}{7} = \frac{2}{21}$

ii. 1, 2, 3번째로 뽑는 사람들 중 1명이 당첨되고 당첨될 경우 :

$3 \times (\frac{6}{10} \times \frac{4}{9} \times \frac{5}{8} \times \frac{3}{7}) = \frac{3}{14}$

iii. 1, 2, 3번째로 뽑는 사람들 중 2명이 당첨되고 당첨될 경우 :

$3 \times (\frac{6}{10} \times \frac{4}{9} \times \frac{3}{8} \times \frac{2}{7}) = \frac{3}{35}$

iv. 1, 2, 3번째로 뽑는 사람들이 모두 당첨되고 당첨될 경우

: $\frac{4}{10} \times \frac{3}{9} \times \frac{2}{8} \times \frac{1}{7} = \frac{1}{210}$

따라서 4번째로 뽑는 사람이 당첨될 확률은

$\frac{2}{21} + \frac{3}{14} + \frac{3}{35} + \frac{1}{210} = \frac{2}{5}$ 입니다.

④ 따라서 이와 같은 상황에서는 몇 번째로 뽑더라도 당첨제비를 뽑을 확률은 모두 $\frac{2}{5}$ 로 같습니다.

창의적문제해결수학 02 P. 95

[정답] 풀이 과정 참조

[풀이 과정]

① 각 경우를 따지면 다음과 같습니다.

i. 주사위 눈이 1이 나올 경우

나올 확률은 $\frac{1}{6}$ 이고 받을 수 있는 돈은 200 원 입니다.

ii. 주사위 눈이 2 가 나올 경우

나올 확률은 $\frac{1}{6}$ 이고 받을 수 있는 돈은 400 원 입니다.

iii. 주사위 눈이 3이 나올 경우

나올 확률은 $\frac{1}{6}$ 이고 받을 수 있는 돈은 600 원 입니다.

iv. 주사위 눈이 4가 나올 경우

나올 확률은 $\frac{1}{6}$ 이고 받을 수 있는 돈은 800 원 입니다.

v. 주사위 눈이 5, 6이 나올 경우

나올 확률은 $\frac{1}{3}$ 이고 받을 수 있는 돈은 0 원 입니다.

② 따라서 이 게임은 1 경기에 참여하면 확률적으로 $\frac{1}{6} \times (200 + 400 + 600 + 800) = \frac{2000}{6}$ 원을 받을 수 있습니다.

이 게임에 1회 참가하는 비용은 300 원이므로 무우가 이 게임에 1회 참여해서 이득보는 금액은

$\frac{2000}{6} - 300 = \frac{200}{6}$ 원 입니다.

따라서 무우와 일행들이 이 게임에 10번 참여한다면 확률적으로 $10 \times \frac{200}{6} = \frac{2000}{6}$ 원을 이득보게 됩니다. (정답)

MEMO

영재들의
수학여행
Math Travel

창의영재수학
아이앤아이

창의영재수학

아이앤아이

무한상상 교재 활용법

무한상상은 상상이 현실이 되는 차별화된 창의교육을 만들어갑니다.

아이앤아이 시리즈

특목고, 영재교육원 대비서

	아이앤아이 영재들의 수학여행		아이앤아이 꾸러미	아이앤아이 꾸러미 120제	아이앤아이 꾸러미 48제	아이앤아이 꾸러미 과학대회	창의력과학 아이앤아이 I&I
	수학 (단계별 영재교육)		수학, 과학	수학, 과학	수학, 과학	과학	과학
6세~초1	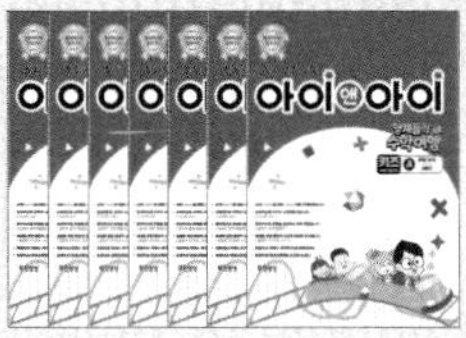	수, 연산, 도형, 측정, 규칙, 문제해결력, 워크북 (7권)					
초 1~3		수와 연산, 도형, 측정, 규칙, 자료와 가능성, 문제해결력, 워크북 (7권)					
초 3~5		수와 연산, 도형, 측정, 규칙, 자료와 가능성, 문제해결력 (6권)		수학, 과학 (2권)	수학, 과학 (2권)		
초 4~6		수와 연산, 도형, 측정, 규칙, 자료와 가능성, 문제해결력 (6권)				과학토론 대회, 과학산출물 대회, 발명품 대회 등 대회 출전 노하우	
초 6		수와 연산, 도형, 측정, 규칙, 자료와 가능성, 문제해결력 (6권)					
중등				수학, 과학 (2권)	수학, 과학 (2권)		 물리(상,하), 화학(상,하), 생명과학(상,하), 지구과학(상,하) (8권)
고등						과학토론 대회, 과학산출물 대회, 발명품 대회 등 대회 출전 노하우	